小容器 保鮮袋

裝出漂亮擺盤便當

松本有美

瑞昇文化

前言

感謝您拿起這本書。

自從生下大兒子後,我度過長達20年的事前製作冷凍料理生活。

在這之中我自己每天都受益且認為「還好有這個!」的是「分裝冷凍便當菜」。自從3年前把冷凍便當菜的想法寫成書販售之後,很多人都試作了,我覺得很開心。

每當我聽到「做便當的煩惱消失了」、「早上的忙亂變輕鬆了」這種開心的聲音,我就會覺得還好寫了這本書。

目前為止我自己也實際感受過做便當的辛苦。而且為了可以解決這種痛苦,在本書中下了許多苦功。讓「分裝冷凍便當菜」再次進化、更加美觀並提升製作容易度。我想出了保留所有人都能簡單地做出色彩繽紛的便當的方便性,依形狀區別便當菜色的種類,在一次的準備時間中能做出2道菜等,讓做便當的人不須勉強自己、可以輕鬆持續製作的食譜。

冷凍過後也維持色彩與良好風味。有空的時候做好便當菜,裝入製冰盒或分裝容器中冷凍,早上只要解凍裝入便當中,就能輕鬆做出味道及外觀都受到好評的便當。

正因為是每天固定要做的事,用安心的食材更加輕鬆愉快,讓做便當的人和享用的人都能展現笑容。

如果這本書能幫得上忙,就是我最開心的事了。

松本有美(YU媽媽)

為什麼將便當菜
分裝冷凍比較好？

可以長期保存

分裝冷凍便當菜的冷凍保存期限是3個星期。比起冷藏的事先製作便當菜，更能長期保存、美味度也很持久。只要在有空的時候，分次少量製作累積的話，就可以不用勉強的持續下去唷。

因為是小菜
所以很容易填裝

小菜在塞入便當的一點空隙時很方便。另外，因為很小所以解凍、填裝時都很快速！因為分裝好了，所以可以迅速地只取出自己要用的量，很衛生。

可以分次少量使用
不浪費

先少量分裝好，所以每次可以只用一點自己想用的量很方便。各種不同的便當菜都能夠放入一點，所以能簡單完成豪華的便當。也不用擔心用不完會剩下。

菜色的煩惱消失了

只要組合家人喜歡的菜色再一一裝入，就能完成便當。決定菜色～製作主菜～填裝副菜…這些做便當的壓力都會消失。還有早上不需要料理，所以也幾乎沒有待洗碗盤。

Contents

16

Chapter 1

只要裝入分裝冷凍便當菜而已！

現代咖啡廳風格 & 深刻經典
人氣便當16款

70
Chapter 2

讓圓形和長條形好看的秘訣！

吸睛的
分裝便當主菜

86
Chapter 3

一起製作更輕鬆！

料理1次就能做成2道菜的分裝 冷凍 便當菜

本書的標示規則與提醒

（ 關於調味料、食材 ）

●計量單位為1大匙=15mℓ、1小匙=5mℓ。
●調味料的份量所標記的「少許」是指食指與拇指2根手指抓取的份量。
●像洋蔥或胡蘿蔔等原則上要削好皮再料理的蔬菜、小番茄或青椒等原則上要去除蒂頭的蔬菜，以及鴻喜菇等原則上去掉根部再料理的菇類等，皆省略說明削皮、去蒂頭及去除根部的步驟。
●除了指定以外皆用尺寸M的雞蛋。

（ 關於微波爐、烤吐司機 ）

●微波爐的加熱時間以600W為基準。700W時請以0.8倍、500W時請以1.2倍為基準調整。依機種不同會產生些許差異。
●烤吐司機的加熱時間以1000W為基準。
●用微波爐、烤箱或烤吐司機加熱時，請遵循所附的說明書並使用可耐高溫的料理器具或餐盤。

（ 關於保存 ）

●所有料理的保存期限為冷凍3個星期。
●冷凍保存期限僅供參考。依您所使用的冷凍庫、食材或環境而不同。
●冷凍保存時，請使用可以密封的冷凍用保存袋，或是可以加蓋冷凍的保存容器。
●本書中使用的冷凍保存袋皆為M號尺寸（長20.5×寬18cm）。
●保存時請使用乾淨的冷凍保存袋以及保存容器，並使用乾淨的手和筷子料理。
●嚴禁將解凍過的料理再次冷凍。

事先製作 分裝冷凍菜 的秘訣

為了美味地保存冷凍便當菜，重點在於防止乾柴和維持口感。
從料理與保存的兩個面向介紹需要先掌握的方法。

料理篇

使用新鮮的食材

快到賞味期限的食材與新鮮度變差的食材，
是容易腐敗、雜菌增生的原因。只要使用新
鮮且味道及品質良好的食材，就能美味又安
全地保存。

使用乾淨的
容器與調理工具

如果保存袋、容器或調理工具上附著了雜
菌，便當菜就有腐敗的風險。請仔細清洗保
存容器和調理工具，用乾淨的抹布完全擦掉
水分後再使用。另外，嚴禁再度使用已經用
過一次的保存袋。

擦掉肉、魚的血水

如果在附著血水的狀態下料理肉類或海鮮，
容易增生雜菌，也會成為味道變差的原因。
請以流水清洗血水後，用廚房紙巾擦乾水分
後再使用。

去除食材的多餘水分

為了讓冷凍後能保持風味和口感，完全去除
多餘的水分很重要。將豆腐和蔬菜的水分或
湯汁擰乾、擦掉、去除、蒸發為守則。把炒
蔬菜鋪在調理盤上讓湯汁和蒸氣蒸發。

不要過度加熱蔬菜

冷凍過後的蔬菜內含的水分會膨脹，纖維受到破壞所以口感變得更軟。加熱料理的秘訣是預想冷凍後蔬菜會變軟，煮熟時保留稍硬的口感。

蔬菜加熱後馬上冷卻、固定顏色

為了發揮蔬菜本身清脆的口感和鮮艷的顏色，加熱後馬上冷卻很重要。汆燙蔬菜要泡冷水，炒蔬菜和燉菜則鋪在調理盤上放涼。

裹上一層醬汁或油

凍傷後變得乾柴或風味變差的原因在於食材的水分蒸發。在食材表面滿滿裹上一層偏濃的醬汁或油，或是用有保濕效果的味醂或蜂蜜裹在表層，可以使料理遠離乾柴。

用粉類或雞蛋防止乾柴

用低筋麵粉、太白粉、麵包粉等粉類和雞蛋做成麵衣，就會鎖住食材的水分並防止乾柴。比普通的便當菜再用更多一點，就更加有效果。

事先製作 分裝冷凍菜 的秘訣

保存篇

注意
將便當菜放涼後再冷凍

請一定要將便當菜完全放涼後再冷凍。趁熱冷凍會造成腐敗。

充分瀝乾湯汁後再冷凍

有多餘的湯汁時有時候除了易腐敗，也會讓口感變差。完全放涼後，先用筷子夾起瀝掉多餘的湯汁、用乾淨的手擰乾、或用廚房紙巾擦掉之後再冷凍。

利用小菜碟裝細碎的便當菜

請將炒菜或蔬菜等容易散開的菜餚，或者沾了醬汁的菜餚放入小菜碟後再冷凍。要裝入便當時，就能迅速取出。

不要裝太滿、不要重疊太多

如果將食材塞得很滿或過度重疊變得太厚的話，需要花費時間冷凍，除了食物味道會變差，也會很花時間解凍。請盡可能分裝得又薄又小。

解凍篇

注意
不能把冷凍的便當菜直接放入便當

由於手作便當菜會因溫度變化而容易壞掉，所以請一定要解凍，而不是像市售冷凍食品一樣在冷凍狀態下放入便當。不需要加熱到熱騰騰的狀態。

炸物不用加保鮮膜解凍

為了方便水蒸氣蒸發，不蓋保鮮膜解凍炸物的話，就能恢復剛炸好的酥脆口感。

炸物以外的便當菜要蓋上保鮮膜解凍

想防止乾柴的便當菜，請蓋上保鮮膜後解凍。汆燙菜之類的冷食便當菜也要解凍到不會太燙的程度。

每次解凍1個便當菜

請使用微波爐的解凍模式或轉到200W進行解凍。依便當菜的大小與程度不同能同時解凍1～4道菜，但要是想防止解凍不均，建議每次解凍1個便當菜。

分裝冷凍菜 用的推薦保存容器

為了使分裝冷凍更加便利，挑選適合菜餚的保存容器很重要。
以下介紹我經常使用的保存容器，以及這些容器分別適合的菜餚。

製冰盒、分裝容器

附蓋的製冰盒非常適合裝長條形便當菜（P.78）這類細長的菜餚。如果蓋子容易鬆脫就用橡皮筋等工具固定。我經常使用用每格50mℓ的分裝容器。可以在百圓商店或網路商店等地方購買。

保存容器、
附夾鏈冷凍保存袋

琺瑯保存容器的優點是導熱好、可以快速冷凍。輕巧且容易使用的塑膠保存容器也很方便。保存袋請務必選擇可冷凍的商品。本書中皆使用M號尺寸（長20.5×寬18cm）。

小菜碟、
馬芬杯

製作炒菜或涼拌菜等細碎的便當菜，或者怕沾染味道的便當菜時可用。也可以放入固體便當菜，很容易取出很方便。用微波爐連同分裝杯解凍後裝入便當中，所以請選擇可耐熱的商品。建議用透明或顏色圖案簡單的分裝杯，凸顯便當菜的配色。

Q&A

回答
關於便當的
疑問！

回答有助於每天做便當，
關於分裝冷凍便當菜的簡單疑問。
為了持續安全製作美味便當，
請務必確認以下重點。

Q 可以在冷凍狀態下
放入便當菜嗎？

A 這是NG的。
雜菌增生，會造成食物中毒

如果在冷凍狀態下把冷凍便當菜放入便
當盒中，會因為溫差而變得容易腐敗，
自然解凍時恐怕會增生雜菌。請一定要
用微波爐解凍之後再填裝。解凍的方法
請看P.12。

Q 可以做得比
食譜味道更清淡嗎？

A 會變得容易腐敗
所以請按照食譜製作

為了在保存時讓味道融入食材裡，以及
為了達到保濕效果，會加入較多的調味
料在分裝冷凍便當菜中。可能有人會覺
得這種味道很濃，但要是把調味變清
淡，就變得無法獲得保存效果。請務必
按照食譜進行調味。

Q 前一天放入冷藏室解凍
也OK嗎？

A 這是NG的。
解凍途中有雜菌增生的風險

因為花時間解凍的話食品中的水分會融
解跑出，變得容易增生雜菌。這樣放入
便當後，放在室溫下時雜菌就會繼續增
生，變成導致食物中毒的原因。

Q 我很煩惱便當的菜色。
要如何決定呢？

A 請在一開始
決定主要菜色

首先，請選擇1道主菜吧。接下來考慮味道和
顏色均衡來決定2～3道副菜。如果有一個像日
式炸雞或漢堡的固體便當菜，不只容易裝填，
成品外觀也很漂亮並突出重點。

Q 我很在意
便當菜跑出水分

A 冷凍前
請先充分瀝乾湯汁

您是否在冷凍前沒有充分瀝乾湯汁，或
者過度加熱了呢？這些就是解凍時跑出
水分的原因。另外，裝便當時也請先用
廚房紙巾擦掉令人在意的湯汁。

Q 我沒有信心
做一大堆
分裝冷凍便當菜……

A 有時間的時候，
一點一點地製作保存起來吧！

冷凍分裝便當菜約可以冷凍保存3個星
期。在準備晚餐的空檔或假日等有時間
的時候一點一點地做好的話，就能不費
力地保存好幾種便當菜。

Q 托兒所會把便當
放入保溫箱中……
這樣可以嗎？

A 避開新鮮蔬菜和沙拉，
短時間保溫的話就沒問題

像是白蘿蔔或涼拌小黃瓜等沒有加熱過
的蔬菜便當菜，保溫之後會跑出水分所
以請盡量不要放。其他在溫熱狀態下依
然很美味的便當菜，短時間保溫則沒問
題。請和平常一樣，解凍之後再裝入
唷。

Q 在夏天的便當中
放生菜也ＯＫ嗎？

A 用沙拉葉（波士頓萵苣）的話
ＯＫ！

生菜便於分隔便當盒，但時間經過之後會跑出水
分，使雜菌繁殖。需要綠色蔬菜時，請使用一種
不容易出水的沙拉葉（波士頓萵苣）吧。我也推
薦使用有殺菌效果的綠紫蘇。

Q 冷凍後
過了3個星期以上，
還可以吃嗎？

A 可能雜菌
已經增生了

在家庭裡冷凍庫經常會在保存過程中開開關關，
所以每一次都會改變內部溫度。就算外觀沒有改
變，也有雜菌增加的可能性，所以請丟掉保存超
過3個星期以上的便當菜。趁早吃完吧！

Q 將晚餐剩下的菜餚
分裝冷凍也ＯＫ嗎？

A 就衛生方面
考量不建議這麼做

安全且美味地保存是分裝冷凍的基礎。為了抑制
雜菌繁殖，將剛做好的菜餚冷凍也很重要。將擺
上晚餐的餐桌後剩下的菜餚冷凍很不衛生。要冷
凍便當菜時，請做好後馬上分裝冷凍吧。

Chapter 1

只要裝入分裝冷凍便當菜而已！

現代咖啡廳風格 & 深刻經典

人氣便當 16 款

沒時間的早晨也想做漂亮的便當！

為上述的人推薦以下的便當型錄。

我將便當分成現代咖啡廳風格便當和

深刻美味的經典便當菜便當這2種來介紹。

便當菜全都可以冷凍保存，所以早上只要解凍裝入即可。

有時間的時候先做好便當菜，

就能簡單完成好評便當！

當然也可以從後半頁面選擇便當菜進行替換！

請享受自己喜歡的變化。

※冷凍保存期限都是3個星期

YU媽媽版 把便當裝得美觀的

以下介紹我在長期做便當生活中發現的快速、外觀好看的填裝技巧。

傾斜
填裝白飯

白飯完全冷卻後，與便當菜接觸的白飯表面傾斜裝得像溜滑梯一樣。這樣做即使裝了大量的白飯，打開蓋子時看見的白色面積減少，外觀就會大幅提升。

從主菜
開始裝

在白飯和便當菜之間放入分隔物，填裝時首先要讓主菜看起來很顯眼。從旁邊開始裝的話，能預估副菜的空間，就會變得更容易填裝。

盛裝得
有立體感

為了讓主菜像主角一樣亮眼，請稍微重疊盛裝出立體感。利用白飯傾斜的角度，不須覆蓋就能突出重點。

為了不讓白飯沾到便當菜的湯汁，用蠟紙或保鮮膜分隔，再依個人喜好重疊沙拉葉提升外觀。

不傾斜裝入白飯，將便當菜裝成平面感的便當。白飯的白色面積很突出，給人便當菜很少的印象。

秘 訣

一定要放入1個以上
的固體便當菜

像是溏心蛋或日式炸雞等固體的
便當菜，一打開便當的瞬間就馬
上吸引目光，是吸睛重點。盡量
放入1個以上，可以展現份量感。

用副菜
填補空隙

如果便當盒中有空隙的話，是造
成便當菜移動變形的原因。裝入
顏色和味道不重複的副菜填補空
隙。秘訣是裝到感覺有點裝不下
了、塞滿的狀態。散開的便當菜
則可以變換自如地填補空隙唷。

便當菜使用3種以上
的顏色

組合3種以上顏色的便當菜，就會
提升華麗感以及外觀。填裝時請
注意不要把相近的顏色放在隔
壁。最後考慮均衡感，在上方放
顏色鮮豔的便當菜也可以。

如果只裝炒菜或涼拌菜等散開的
便當菜，無法凸顯外觀差異，也
變成沒什麼口感的便當。

完成！

一開蓋的瞬間就有
提振心情的華麗感
與份量感！

黑胡椒牛肉便當

用人氣店家的口味
提振心情！

打開蓋子後就看到滿滿的肉！
提振心情的飽足便當。
因為咖啡色的肉片很顯眼，所以放入滿滿顏色的蔬菜菜餚，
秘訣在於取得營養與色彩的平衡。
只要裝入分成雙層的便當盒中，
就不用擔心黑胡椒牛肉飯的醬汁沾到其他菜色。

※便當菜的作法在P.22～

填裝順序

1 裝入白飯
2 放黑胡椒牛肉飯的
　牛肉、玉米
3 在另一個容器中
　放入彩椒甜豆沙拉
4 放入馬鈴薯餅
5 放入奶油香煎南瓜
6 附上黑胡椒牛肉的醬汁

1

幕之內炊飯便當

就像集結了許多和風便當菜 高級火車便當！

多虧了事先製作冷凍便當菜，即使在忙碌的早晨，
只要裝入炊飯、雞肉丸、烤魚等菜餚，就能完成精心製作的和風便當。
因為咖啡色的菜餚偏多，所以用紅紫蘇白蘿蔔雕花的粉色和
溏心蛋的蛋黃當作重點色，讓便當更加華麗！
這些也都全部可以冷凍。

※便當菜的作法在P.24～

填裝順序

1 裝入竹筍鰺仔魚炊飯
2 放入香蔥味噌雞肉丸
3 放入小松菜拌榨菜
4 放入和風溏心蛋
5 鋪綠紫蘇
6 放入柚子胡椒味噌鱈魚燒
7 裝飾紅紫蘇蘿蔔雕花

21

黑胡椒牛肉便當 (P.20) 的分裝冷凍便當菜

黑胡椒牛肉飯的配料

在散發奶油香氣的牛肉中，添加甜辣醬與黑胡椒讓食慾大開！
先冷凍好醬汁就會很輕鬆。早上不用解凍醬汁也OK。

材料（容易製作的份量）

牛邊角肉⋯200g
玉米罐頭（整粒・瀝乾湯汁）
　⋯1罐（淨重120g）
沙拉油⋯3小匙
萬能蔥（切成蔥花）⋯2根
A 奶油⋯10g
　粗磨黑胡椒⋯1小匙
　鹽⋯1撮
B 砂糖、醬油⋯各4大匙
　味醂⋯2大匙
　蒜泥（軟管裝）
　⋯1/2小匙

作法

1 在平底鍋中放1小匙沙拉油並
用中火加熱，放玉米快速拌
炒後取出，冷卻後混合萬能
蔥。

2 擦拭平底鍋的髒汙，放入剩
下的沙拉油、牛肉用中火炒3
～4分鐘。關火後放入 A 攪
拌。

3 在耐熱容器中將 B 混合在一
起，不蓋保鮮膜並用微波爐
（600W）加熱1分30秒左
右，放涼。

4 將步驟 1、2、3 分別分裝在
保存容器中。

彩椒甜豆沙拉

在鮮豔的蔬菜中加檸檬口味清淡。
和所有便當菜都很搭，所以做好常備很方便。

(材料)（容易製作的份量）

紅椒（切成2.5cm丁狀）…1顆
甜豆（去掉粗絲、對半斜切）
　…8片
鹽…少許
A｜橄欖油…1大匙
　｜檸檬汁…1小匙

Point　加鹽搓揉彩椒出水後，即使冷
凍也能維持顏色和口感。

(作法)

1 灑鹽並輕輕地搓揉彩椒，放置5
　分鐘左右擦掉水分。

2 在鍋中燒開大量的熱水，放入
　甜豆汆燙約1分鐘後浸泡冷水，
　擦乾水分。

3 在調理盆中混合 A，加入步驟
　1、2 拌匀。

奶油香煎南瓜

將醬油加在蜂蜜與奶油中，做成很下飯的一道菜。
黑芝麻是風味與色彩的點綴。

(材料)（容易製作的份量）

南瓜（切成3mm厚的薄片）
　…1/8顆
沙拉油…1/2大匙
A｜蜂蜜、醬油…各1大匙
　｜熟黑芝麻…1小匙
　｜奶油…5g

(作法)

1 用小火在平底鍋中加熱沙拉
　油，擺放南瓜，並將兩面各煎2
　分鐘左右。

2 放入 A 並快速裹上醬汁。

馬鈴薯餅

搗碎一半份量的馬鈴薯，可以同時享受黏稠、鬆軟的口感。
也可以用來填補空隙。

(材料)（8個份）

馬鈴薯（切碎）…3顆（300g）
A｜顆粒狀法式清湯粉
　｜　…1/3小匙
　｜太白粉…1大匙
炸油…適量

(作法)

1 將馬鈴薯放入耐熱調理盆中，
　鬆鬆地蓋上保鮮膜並用微波爐
　（600W）加熱6～7分鐘。

2 將步驟 1 搗碎到還帶有一點顆
　粒的程度，放入 A 攪拌，分成
　8等分後整型成圓柱狀。

3 在平底鍋中倒入約1cm深的炸
　油後以中火加熱，擺放步驟 2
　邊滾動邊煎炸2～3分鐘。

幕之內炊飯便當 <small>(P.21) 的分裝冷凍便當菜</small>

P.69的紅紫蘇白蘿蔔雕花　　P.109的和風溏心蛋

竹筍鯛仔魚炊飯

靠鯛仔魚的鮮味就不需要高湯。
用焙茶煮飯,做出尾韻清爽的高級口味。

材料 (4人份)

A｜米 (清洗並讓米吸水、
　　瀝乾水分)…約300g
　　日式白高湯…3大匙
　　味醂…1大匙
　　冰焙茶 (保特瓶)…300mℓ
B｜水煮竹筍
　　　(垂直切成一半、再切成直薄片)
　　　…1袋 (200g)
　　鯛仔魚乾…30g

作法

1 將 A 放入電鍋的內鍋中混
　合。

2 放上 B,用和煮白米一樣
　的方式煮飯,燜10分鐘左
　右後攪拌。

香蔥味噌雞肉丸

在蜂蜜與味噌的濃厚味道中，充滿蔥的香味。
加入雞蛋、太白粉、芝麻油，就算冷掉也很柔軟。

（材料）（8個份）

A│雞腿絞肉…200g
　│雞蛋（打散）…1顆
　│太白粉…1大匙
　│芝麻油…1小匙
　│鹽…少許
芝麻油…1大匙
B│萬能蔥（切成蔥花）
　│　…1根
　│蜂蜜…2大匙
　│味噌、醬油…各1/2大匙

（作法）

1 在調理盆中放入 A 充分攪拌到產生黏性為止，分成8等分後整型成直徑5cm的圓扁狀。

2 用小火在平底鍋中加熱芝麻油，擺放步驟 1 並將兩面各煎3分鐘左右。

3 擦掉平底鍋中多餘的油，加入混合在一起的 B 用小火燉煮30秒左右。

小松菜拌榨菜

經典的涼拌青菜，加入味道重的榨菜增添變化。
混合了柑橘醋和芝麻油做出順口的酸味也可以。

（材料）（容易製作的份量）

小松菜…1把
A│已調味榨菜
　│　（玻璃罐裝・切碎）…30g
　│柑橘醋醬油、芝麻油
　│　…各1小匙

（作法）

1 在鍋中燒開大量的熱水，放入小松菜汆燙3分鐘左右。浸泡冷水後擰乾水分，切成4cm長，再次擰乾水分。

2 在調理盆中加入步驟 1、A 拌勻。

柚子胡椒味噌鱈魚燒

柚子胡椒的辣味與白味噌的甜味很和諧。
雖然加了比較多的柚子胡椒，但冷凍後辣味就會消失。

（材料）（4個份）

生鱈魚（切片・將長度
　切成一半）…2片（160g）
A│白味噌…2大匙
　│柚子胡椒（軟管裝）
　│　…1/4小匙

（作法）

1 將鱈魚放在調理盤上，在表面塗抹混合好的 A，蓋上保鮮膜在冰箱中放置15分鐘左右。

2 在烤吐司機的烤盤上鋪鋁箔紙，擺上步驟 1 並烤10～13分鐘。

紫菜飯捲韓風便當

集合韓國料理中的人氣菜色！

填裝順序

1 放入紫菜飯捲
2 放入櫛瓜與胡蘿蔔韓式涼拌菜
3 放入洋釀炸雞
4 放入煎餅捲
5 另外附上切塊鳳梨（不要冷凍）

可以各吃到一點不同的韓國家庭料理的便當，
將主菜訂為又甜又鹹的洋釀炸雞，再搭配香氣充足的韓式煎餅與
酸味清爽的韓式涼拌菜，變成了吃不膩的均衡口味。
切口很華麗的韓國海苔捲，紫菜飯捲讓便當的外觀也是滿分！

※便當菜的作法在P.28～

2

大人的兒童營養午餐便當

主角是圓滾滾的蛋包飯！在黃色與紅色的配色中，
加上圓滾可愛的炸蝦、迷你焗烤，
絕對能夠提振心情。
蘆筍炒蓮藕的順口酸味很適合當解膩小菜。
做成小型蛋包飯也很歡迎放入孩子的便當中。

※便當菜的作法在P.30～

小孩喜愛的便當菜
大人也超喜歡！

填裝順序

1 裝入燴飯風格蛋包飯、
  加上番茄醬與巴西里
2 用生菜葉分隔
3 放入焗烤培根馬鈴薯
4 放入炸蝦球
5 放入蜂蜜芥末炒蘆筍蓮藕
6 裝飾巴西里

2

紫菜飯捲韓風便當 (P.26) 的分裝冷凍便當菜

紫菜飯捲

事先冷凍好的話，連很花時間的
紫菜飯捲早上也只要裝進便當而已。
可以兼當主食和便當菜，
也很推薦當成忙碌早晨的簡易便當。

材料（1條份）

胡蘿蔔（切細絲）…1/2條
牛邊角肉…100g
燒肉醬…2大匙
鹽…1/4小匙
A ┌ 雞蛋（打散）…1顆
  └ 水、美乃滋…各1小匙
燒海苔…全形1片
熟白芝麻…適量
熱飯…1個飯碗份量
芝麻油…適量

作法

1 在平底鍋中放2小匙芝麻油並用中火
加熱，放入胡蘿蔔拌炒3分鐘左右，
灑鹽、放涼。

2 迅速擦拭步驟 1 的平底鍋，用中火加
熱2小匙芝麻油，放入牛肉拌炒3分鐘
左右，加入燒肉醬快速拌炒、放涼。

3 在長10×寬10cm的耐熱容器的底部
鋪烘焙紙，倒入混合好的 A，鬆鬆地
蓋上保鮮膜並用微波爐（600W）加
熱50秒左右。趁熱切成4等分的條
狀，包裹保鮮膜並放涼。

4 在海苔的表面塗芝麻油並灑芝麻，將
芝麻面朝下放在保鮮膜上。將白飯在
海苔上鋪開，將步驟 1、2、3 各橫放
成一列，連同保鮮膜從手邊向尾端捲
起。包覆保鮮膜並放置一段時間，切
成8等分。

洋釀炸雞

將添加蜂蜜的醬汁沾在雞柳上，變得更加濕潤柔軟。
不會太辣所以也很推薦給小孩吃。

（材料）（6個份）

雞柳（將長度切成一半）
　…3條（180g）
芝麻油…2小匙
低筋麵粉…1大匙
沙拉油…5大匙
A 番茄醬、蜂蜜…各1大匙
　水、韓式辣椒醬
　　…各1/2大匙
　蒜泥（軟管裝）…1/4小匙
　熟白芝麻…適量

（作法）

1 將雞柳沾芝麻油，沾滿低筋麵
　粉。

2 用中火在平底鍋中加熱沙拉
　油，擺放步驟1。邊上下翻面
　邊煎炸6分鐘左右再取出。

3 擦掉平底鍋中多餘的油，加入
　混合好的A用小火燉煮，再次
　放入步驟2裏上醬汁。

煎餅捲

將煎成扁平狀的煎餅一層層地捲起，
變化成非常適合填補空隙的便當菜。

（材料）（8個份）

A 雞蛋（打散）…1顆
　太白粉、低筋麵粉…各3大匙
　顆粒狀雞骨高湯粉、芝麻油
　　…各1小匙
水…130ml
韭菜（切成3cm長）…1把
芝麻油…2大匙

（作法）

1 在調理盆中放入A，一點一點
　加水並攪拌到均勻，加入韭菜
　攪拌。

2 在玉子燒鍋中放1大匙芝麻油並
　用偏弱的中火加熱，倒入一半
　份量的步驟1攤開，並將兩面
　各煎2～3分鐘。

3 取出放到砧板上，趁熱一層一
　層捲起並包保鮮膜。用相同的
　方式製作另一片。冷卻好後撕
　掉保鮮膜各切成4等分。

櫛瓜與胡蘿蔔韓式涼拌菜

櫛瓜的魅力在於就算冷凍也可以吃到剛剛好的嚼勁。
用胡蘿蔔和黑芝麻的配色，提升外觀。

（材料）（容易製作的份量）

櫛瓜（切成圓薄片）…1條
胡蘿蔔（切細絲）…1/3條
A 芝麻油…1大匙
　熟黑芝麻…1/2大匙
　顆粒狀雞骨高湯粉…1小匙
　鹽、胡椒…各少許

（作法）

1 在鍋中燒開大量的熱水，放入
　櫛瓜、胡蘿蔔汆燙3分鐘左右，
　用篩網撈起並浸泡冷水，擦乾
　水分。

2 在調理盆中混合A，加入步驟
　1拌勻。

大人的兒童營養午餐便當 (P.27) 的分裝冷凍便當菜

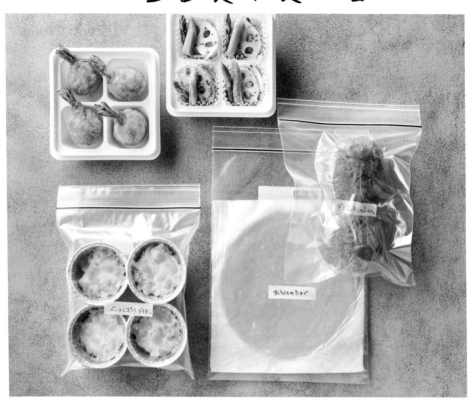

燴飯風格蛋包飯

添加了奶油的濃郁感，西餐廳風格的口味。
將白飯與薄蛋皮分開冷凍，
所以不會捲失敗。

材料（2人份）

A┃香腸（斜切成5等分）
　┃…4條
　┃洋蔥（切成薄片）…1/2顆
熱飯…2個飯碗份量
B┃番茄醬…3大匙
　┃中濃醬※…2大匙
　┃奶油…5g
C┃雞蛋（打散）…3顆
　┃美乃滋…2小匙
沙拉油…適量

※譯註：中濃醬是指濃度介於豬排醬與伍斯特醬之間的醬汁。

作法

1 在平底鍋中放1大匙沙拉油並用中火加熱，放入 A 拌炒2～3分鐘，加入 B 一起拌炒30秒，加入白飯邊撥鬆邊拌炒。趁熱分成一半並用保鮮膜包起。

2 在直徑15cm的平底鍋中薄塗一層沙拉油並用小火加熱，倒入一半混合好的 C 並攤成圓形，加蓋煎到表面凝固為止，取出放到烘焙紙上，蓋保鮮膜。用相同的方式煎另一片。

Point

把薄蛋皮放在烘焙紙上，在蛋的上方蓋上保鮮膜。將兩片一起放入附夾鏈保存袋中保存。要使用時則在解凍過後，撕下烘焙紙那一面（保鮮膜繼續貼著）。

Point

在撕下了烘焙紙的薄蛋皮中，放上解凍過的燴飯，連同保鮮膜一起用薄蛋皮把飯包住就很輕鬆。裝入便當盒中，依個人喜好淋番茄醬。

焗烤培根馬鈴薯

放入鋁箔杯中烤，所以可以輕鬆地裝入便當。
培根的鮮美與揮發了酸味的美乃滋味道很溫和！

（材料）（容量110㎖ 鋁箔杯4個份）

A 切片培根（切成1cm大小）
　　…2片
　　冷凍炸薯條（楔型的薯條·
　　　在冷凍狀態下切成小塊）
　　…4條
　　洋蔥（切成末）…1/4顆
　　美乃滋…4大匙
綜合起司…20g

（作法）

1 在調理盆中放入 A 攪拌，各放入1/4的份量在杯中，各放上1/4份量的起司。

2 用烤吐司機烤8～10分鐘。

炸蝦球

在鮮蝦表面黏上鱈寶，外觀可愛又豪華的便當菜。
口感鬆軟、有彈性。

（材料）（8個份）

蝦（留下蝦尾去掉其餘蝦殼，
　　去除腸泥並洗淨）…8隻
鱈寶（撕開後搗碎）
　　…1片（100g）
A 鹽、胡椒…各少許
B 低筋麵粉、蛋液、麵包粉
　　　…各適量
炸油…適量

（作法）

1 在蝦子的腹部劃下幾道切口，用擀麵棍輕輕敲打，灑上 A。

2 每隻蝦子加上1/8份量的鱈寶並整圓，依標記的順序沾滿 B 的麵衣。

3 在鍋中倒入炸油並加熱到180℃，放入步驟 2 炸3分鐘左右直到變成金黃色為止。

蜂蜜芥末炒蘆筍蓮藕

將蓮藕切成薄片後快速煮熟，就算冷凍也很爽脆可口。
這種酸甜感令人著迷。

（材料）（容易製作的份量）

A 蘆筍（切掉堅硬的部分，
　　斜切成4等分）…4條
　　蓮藕（切成薄的半圓片）
　　…1/2節
B 顆粒芥末、蜂蜜…各1大匙
　　鹽、胡椒…各少許
橄欖油…1/2大匙

（作法）

用中火在平底鍋中加熱橄欖油，放入 A 並拌炒3分鐘左右。關火加入 B 攪拌。

冬粉版
義大利麵減脂便當

不含肉&低醣的
健康便當！

填裝順序

1 裝入菇菇番茄冬粉
2 用沙拉葉
　（波士頓萵苣）分隔
3 放入黃豆蓮藕漢堡排
4 放入涼拌紫高麗菜絲
5 放入胡蘿蔔與
　南瓜炸蔬菜
6 裝飾巴西里

使用了植物性食材的養生減脂便當。
雖然降低了熱量、醣份，不過使用有口感的食材與適量的油脂，
除了滿足感也有滿滿的飽足感。
以鮮豔的蔬菜補充維生素和膳食纖維，
由體內向外打造美麗。

※便當菜的作法在P.34～

3

便當的兩大飽足菜色，滿滿的薑汁燒肉和日式炸雞！
與拿坡里義大利麵結合做成日本小鎮的定食餐廳的風格。
每一種都是偏濃的調味，所以附上清爽的汆燙小松菜當解膩小菜，
令人大口吃下都不會膩。

※便當菜的作法在P.36～

薑汁豬肉 & 日式炸雞便當

奢侈地放入2種便當
的經典菜色！

填裝順序

1 裝入白飯
2 用生菜分隔
3 放薑汁豬肉
4 放入一口拿坡里義大利麵
5 放入胡麻醬日式炸雞
6 放入汆燙小松菜與櫻花蝦
7 裝飾小番茄
（不要冷凍）

3

冬粉版義大利麵減脂便當 (P.32) 的分裝冷凍便當菜

菇菇番茄冬粉版義大利麵

用冬粉取代義大利麵降低熱量與醣分。
冷凍過後的冬粉也會增加口感。

（材料）（2人份）

乾燥冬粉…30g

A┃生薑（切成末）
　　…1塊（10g）
　┃紅辣椒（切成圈）…1/2條
　┃橄欖油…2大匙

B┃鴻喜菇（分成小朵）…1袋
　┃洋蔥（切成薄片）…1/2顆
　┃小番茄（切成一半）…8顆

鹽…一撮

（作法）

1　將熱水倒入冬粉中泡軟泡
　　發，瀝乾水分。

2　在平底鍋中放入 A 用小火加
　　熱，加入 B 拌炒3分鐘左
　　右。轉中火加入步驟 1 和鹽
　　並拌炒在一起。

黃豆蓮藕漢堡排

搗碎的蒸黃豆顆粒，以及磨成泥的蓮藕的彈牙口感很美味！
含有大量的蛋白質。

材料（4個份）

蒸黃豆…100g
A 蓮藕（磨成泥）…1/2節
　 太白粉、醬油…各1小匙
　 胡椒…少許
橄欖油…1大匙

作法

1 將黃豆放入塑膠袋中，用擀麵棍等工具敲打搗碎。

2 在調理盆中放入步驟 1、A 並攪拌，分成4等分後整型成直徑5cm的圓扁狀。

3 用偏弱的中火在平底鍋中加熱橄欖油，擺放步驟 2 並將兩面各煎3分鐘左右。

涼拌紫高麗菜絲

成品呈鮮豔的紫色的秘訣是和檸檬汁一起拌勻。
把容易變得樸素的便當做出時尚感。

材料（容易製作的份量）

紫高麗菜（切細絲）…1/4顆
鹽…一撮
A 橄欖油…2大匙
　 檸檬汁、蜂蜜…各1大匙
　 胡椒…少許

作法

1 將紫高麗菜和鹽放入塑膠袋中充分搓揉，放15分鐘左右直到變軟，擰乾水分。

2 在調理盆中放入步驟 1、A 並攪拌。

胡蘿蔔與南瓜炸蔬菜

帶出蔬菜的甜味的鬆軟口感。
沾滿薄薄一層太白粉，就不會變油膩。

材料（容易製作的份量）

南瓜（切成1cm寬的條狀）
　…1/8顆
胡蘿蔔（切成1cm寬的條狀）
　…1/2條
米糠油（沒有的話用沙拉油）
　…適量
A 太白粉…2大匙
　 熟白芝麻…1大匙
香草鹽…一撮

作法

1 在南瓜、胡蘿蔔表面裹上2小匙米糠油，沾滿 A。

2 在平底鍋中倒入約1cm深的米糠油後開火加熱，放入步驟 1 邊翻面邊炸 3～4 分鐘。瀝油，灑香草鹽。

薑汁豬肉&日式炸雞便當

(P.33) 的
分裝冷凍便當菜

薑汁豬肉

味道的決定關鍵是生薑的風味。
冷凍之後香氣會消失,所以請多將一些生薑磨成泥後使用。

(材料)（4片份）

豬里肌肉片…4片（100g）

A｜生薑（磨成泥）
　　…1塊（10g）
　｜醬油、味醂各1大匙

沙拉油…1/2大匙

(作法)

1 在豬肉上塗抹 A,放置10分
鐘左右。

2 用中火在平底鍋中加熱沙拉
油,擺放步驟 1 並將兩面各
煎2分鐘左右。

胡麻醬日式炸雞

只用胡麻醬和蒜頭調味。
突出芝麻風味的濃厚感令人著迷。

材料（容易製作的份量）

A｜雞腿肉（切成一口大小）
　　…1片（300g）
　　胡麻醬（市售）…2大匙
　　熟白芝麻…1/2大匙
　　蒜泥（軟管裝）
　　…1/4小匙
B｜太白粉、低筋麵粉
　　…各2大匙
炸油…適量

作法

1 將 A 放入塑膠袋中充分搓揉，放置15分鐘左右。沾滿混合好的 B，稍微放置到粉類融合為止。

2 在鍋中倒入炸油並加熱到180℃，放入步驟 1 炸5分鐘左右直到變成金黃色為止。

Point 沾醬中所含的油脂具有保護效果，即使冷凍也不會變乾柴。

一口拿坡里義大利麵

簡單的調味，帶有令人放鬆的熟悉感。
想增加份量，或想填補空隙時的好用便當菜。

材料（容易製作的份量）

義大利麵（1.6mm）…150g
沙拉油…2大匙
A｜香腸（斜切成薄片）…2條
　｜洋蔥（切成薄片）…1/2顆
番茄醬…6大匙

作法

1 按照標示汆燙義大利麵，沾1大匙的沙拉油。

2 在平底鍋中用中火加熱剩下的沙拉油，放入 A 炒2分鐘左右，加入番茄醬炒30秒左右。加入步驟 1 均勻沾滿。

Point 先在義大利麵表面裏上很多油，就能防止冷凍過程中的乾燥，可以保持滑順的良好口感。

汆燙小松菜與櫻花蝦

在澀味少的小松菜中融入櫻花蝦的鮮味。
事先常備，想要增加配色時也能派上用場。

材料（容易製作的份量）

小松菜…1把
A｜櫻花蝦…10g
　｜麵味露（2倍濃縮）…2大匙

作法

1 在鍋中燒開大量的熱水，放入小松菜汆燙3分鐘左右。浸泡冷水後擰乾水分，將長度切成4cm，再次擰乾水分。

2 在調理盆中加入步驟 1、A 拌勻。

現代咖啡廳風格

滷肉飯 台灣風便當

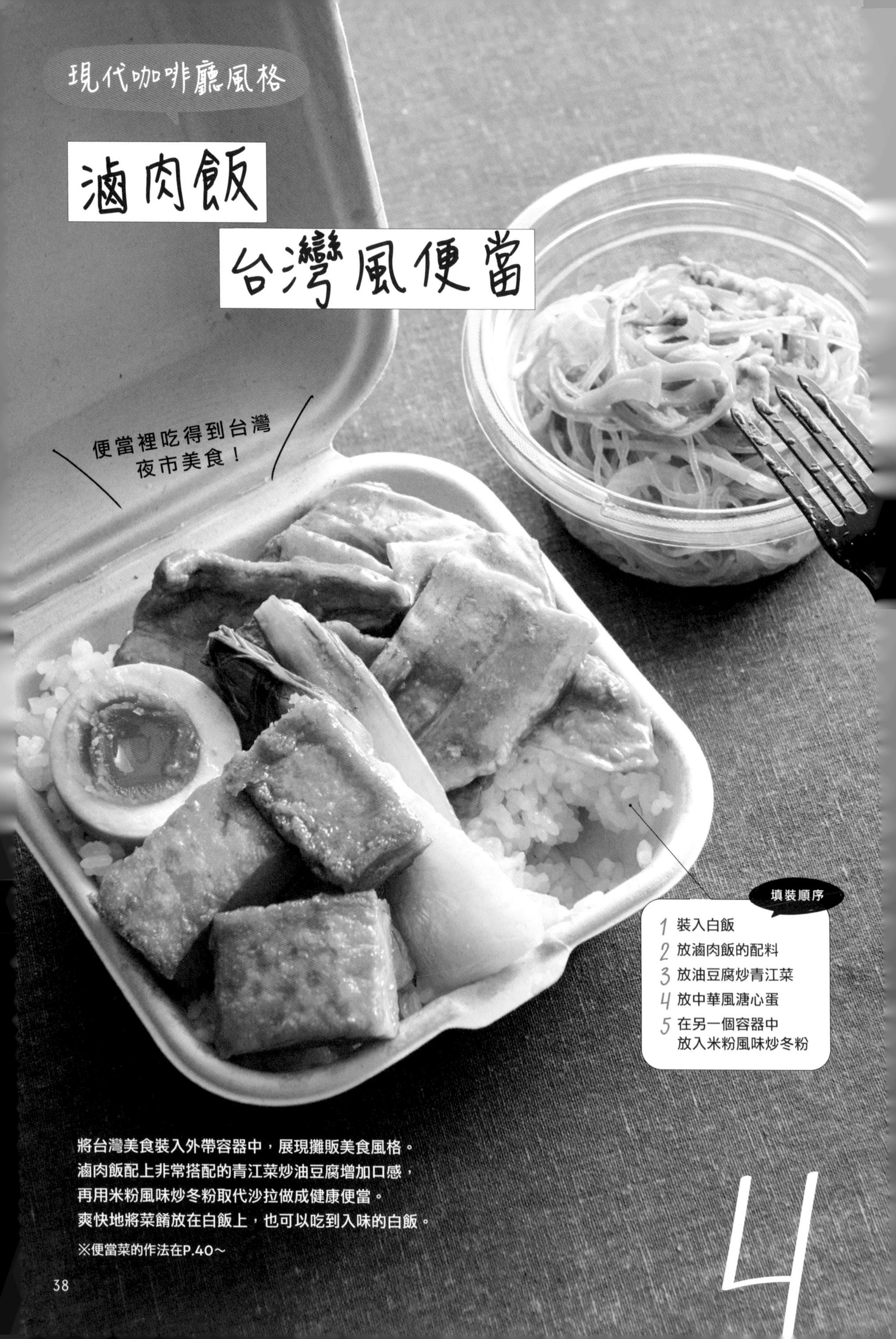
便當裡吃得到台灣
夜市美食！

填裝順序

1 裝入白飯
2 放滷肉飯的配料
3 放油豆腐炒青江菜
4 放中華風溏心蛋
5 在另一個容器中
放入米粉風味炒冬粉

將台灣美食裝入外帶容器中，展現攤販美食風格。
滷肉飯配上非常搭配的青江菜炒油豆腐增加口感，
再用米粉風味炒冬粉取代沙拉做成健康便當。
爽快地將菜餚放在白飯上，也可以吃到入味的白飯。

※便當菜的作法在P.40～

4

裝了很下酒的居酒屋風便當菜做成「可以配酒的便當」。
集結了平民美食，所以也非常受小孩歡迎。
盡量讓每道菜的味道不會濃過頭，就是美味完食的秘訣。
做給爸爸當看家便當應該會讓他覺得很開心。

※便當菜的作法在P.42～

營養炒麵便當

辛苦的爸爸
也會非常高興！

填裝順序

1 裝入營養炒麵
2 放入鹽檸檬烤雞肉
3 放入鹹鮮高麗菜
4 放入章魚燒風味蛋
5 裝飾紅薑

4

滷肉飯台灣風便當 (P.38) 的分裝冷凍便當菜

P.109的中華風溏心蛋

滷肉飯的配料

冷凍3天以上，讓較厚的豬肉都入味，達到用筷子也能切得斷的柔軟度。
沒有五香粉的話用山椒粉也很美味。

(材料)（容易製作的份量）

烤肉用豬里肌肉…200g

A ┌ 水…200mℓ
  │ 砂糖…2大匙
  │ 醬油、酒、蠔油…各1大匙
  └ 五香粉…1/4小匙

B ┌ 水…2大匙
  └ 太白粉…2小匙

(作法)

1 在鍋中燒開大量的熱水，放入豬肉汆燙3分鐘左右，倒掉熱水。

2 在步驟 1 的鍋中放入 A 並用小火燉15分鐘左右。來回倒入混合好的 B，邊攪拌邊增加濃稠度。

3 連同醬汁放入分裝容器中。

Point 為了讓豬肉冷卻後脂肪不會變白凝固，先汆燙後再燉煮。

米粉風味炒冬粉

把冬粉當成米粉，好做又健康的變化版。
為了更好與主菜搭配，做成清淡的口味。

（材料）（2人份）

乾燥冬粉…30g
豬邊角肉…100g
胡蘿蔔（切細絲）…1/2條
青椒（切細絲）…2顆
A｜顆粒狀雞骨高湯粉、
　　醬油…各1小匙
　｜胡椒…少許
芝麻油…2大匙

（作法）

1 將熱水倒入冬粉中泡軟泡
　發，瀝乾水分。

2 用中火在平底鍋中加熱芝麻
　油，放入豬肉、胡蘿蔔拌炒3
　分鐘左右，加入步驟 1、青
　椒拌炒2分鐘左右。放入A，
　繼續拌炒1分鐘左右。

油豆腐炒青江菜

不容易變形的油豆腐很適合做成便當菜。
煎熟讓水分跑出後，變成像肉一樣的口感。

（材料）（容易製作的份量）

油豆腐（切成8等分）…1片
青江菜（垂直切成6等分、
　　再將長度切成一半）…1株
低筋麵粉、芝麻油
　　…各1大匙
A｜味醂、伍斯塔醬
　｜…各1大匙

（作法）

1 將油豆腐沾滿低筋麵粉。

2 用中火在平底鍋中加熱芝麻
　油，擺放步驟 1 並將兩面各
　煎2分鐘左右。加入青江菜拌
　炒2分鐘左右，放入 A 迅速
　拌炒。

營養炒麵便當 (P.39) 的分裝冷凍便當菜

營養炒麵

在含有消除疲勞效果的豐富維生素的豬肉與韭菜中，
加入燒肉醬增加味覺刺激。吃下之後精神就會湧現。

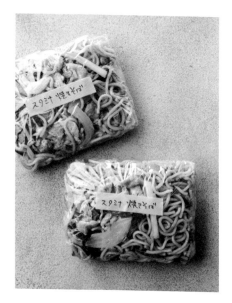

材料（2人份）

豬邊角肉…150g
洋蔥（切成薄片）…1/2顆
芝麻油…1大匙
日式炒麵用油麵（剝開）…2塊
韭菜（切成4cm長）…1把
A ┤ 燒肉醬（市售）…5大匙
  └ 中濃醬…1大匙

作法

1 用中火在平底鍋中加熱芝麻油，放入豬肉、洋蔥拌炒3分鐘左右，加入麵條拌炒3分鐘左右。

2 加入韭菜、A 拌炒1分鐘左右。

Point 保留調味料的湯汁直接冷凍的話，會變成無法順利拌開的原因。請拌炒到湯汁完全蒸發為止。

鹽檸檬烤雞肉

雞骨高湯粉的鮮味與檸檬的清爽感很搭。
給小孩吃的便當請不要使用竹籤直接煎。

材料（4支份）

雞腿肉（切成一口大小）
　…1片（300g）
A｜芝麻油…1小匙
　｜顆粒狀雞骨高湯粉
　｜　…1/3小匙
　｜鹽、粗磨黑胡椒…各少許
沙拉油…適量
檸檬汁…2小匙

作法

1　在雞肉表面塗抹 A 並放置10分鐘左右，在每支竹籤上串2、3塊。

2　在烤吐司機的烤盤上鋪上塗好沙拉油的鋁箔紙，擺放步驟 1。將鋁箔紙蓋在抓握竹籤的部分，烤15分鐘左右，淋上檸檬汁。

章魚燒風味蛋

用保鮮膜將炒蛋包起，做成像章魚燒一樣的圓球狀。
依個人喜好淋醬汁，也可以吃到章魚燒風的味道。

材料（4個份）

A｜雞蛋（打散）…2顆
　｜萬能蔥（切成蔥花）
　｜　…1根
　｜紅薑（切碎）、麵味露
　｜（2倍濃縮）…各1大匙
　｜味醂…1小匙
沙拉油…1大匙

作法

1　在調理盆中放入 A 攪拌。

2　用中火在平底鍋中加熱沙拉油，倒入步驟 1 並用筷子大幅度地攪拌，製作大份炒蛋。

3　趁熱分成4等分，分別用保鮮膜包成束口袋狀，用紙膠帶固定開口。

鹹鮮高麗菜

為了保留口感，嚴禁過度汆燙。
讓人停不下筷子的無限高麗菜。

材料（容易製作的份量）

高麗菜（切成4cm大小）
　…1/4顆
A｜胡麻油…2小匙
　｜顆粒狀雞骨高湯粉
　｜　…1/2小匙
　｜鹽、胡椒…各少許

作法

1　在鍋中燒開大量的熱水，放入高麗菜汆燙2分鐘左右。浸泡冷水冷卻後，充分擰乾水分。

2　在調理盆中加入步驟 1、A 拌勻。

現代咖啡廳風格

水果三明治便當

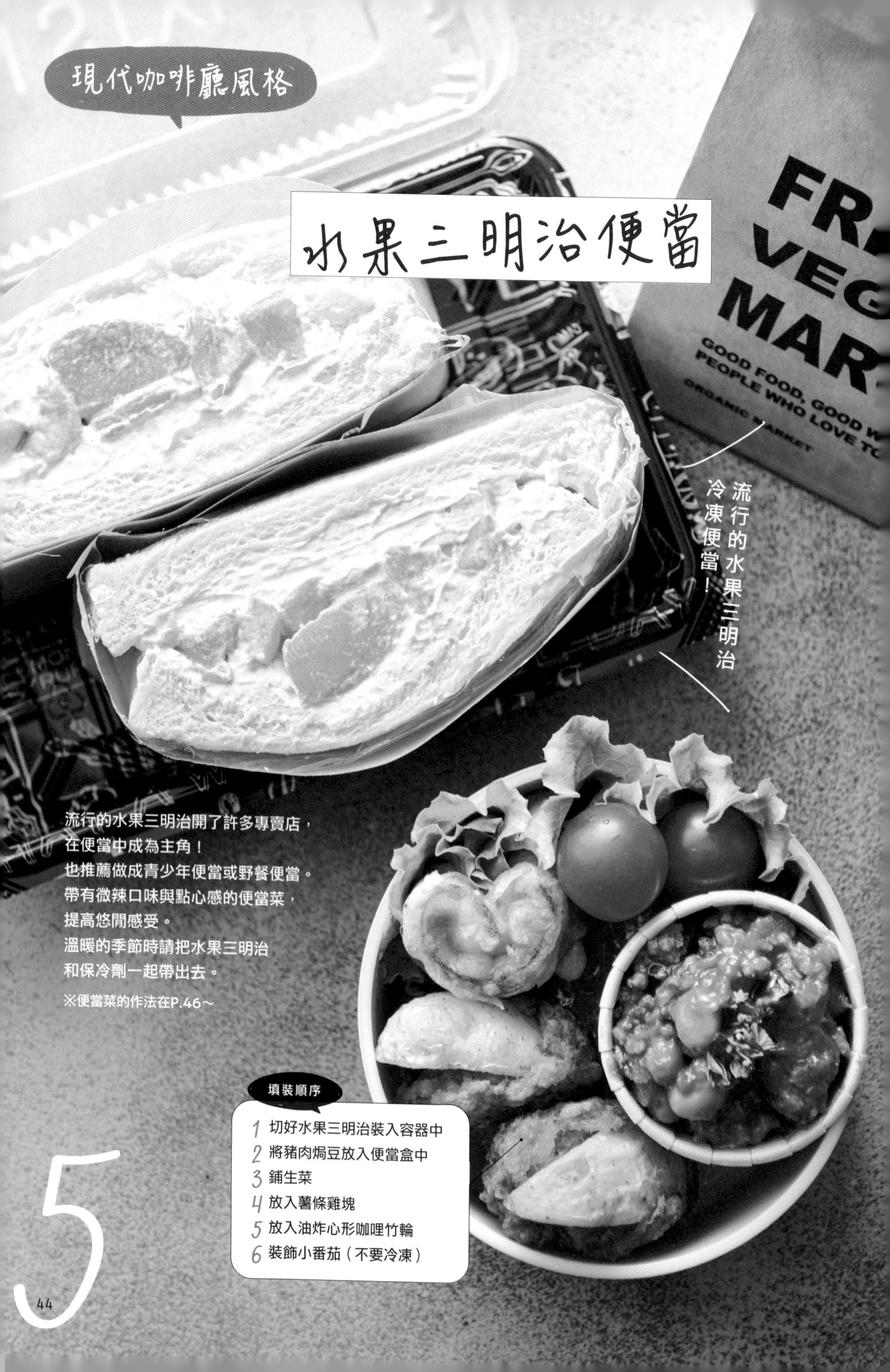

流行的水果三明治冷凍便當！

流行的水果三明治開了許多專賣店，
在便當中成為主角！
也推薦做成青少年便當或野餐便當。
帶有微辣口味與點心感的便當菜，
提高悠閒感受。
溫暖的季節時請把水果三明治
和保冷劑一起帶出去。

※便當菜的作法在P.46～

填裝順序

1 切好水果三明治裝入容器中
2 將豬肉焗豆放入便當盒中
3 鋪生菜
4 放入薯條雞塊
5 放入油炸心形咖哩竹輪
6 裝飾小番茄（不要冷凍）

5

這是一個用番茄醬燉煮入味的漢堡排當主菜的便當，
交叉起司很可愛。
放入奶油可樂餅同時增加份量感和美味度。
立起可樂餅、隨意裝入青花菜
就能展現立體感、提升外觀。

※便當菜的作法在P.48〜

起司漢堡排便當

濃郁的西式便當菜
讓便當看起來
很熱鬧

填裝順序

1 裝入雜糧飯
2 放入起司漢堡排
3 放入南瓜沙拉、
　灑巴西里碎
4 鋪沙拉葉（波士頓萵苣）
5 放入奶油玉米可樂餅春卷
6 放入青花菜檸檬沙拉

5

水果三明治便當 (P.44) 的分裝冷凍便當菜

水果三明治

柔軟的鮮奶油很好吃！使用了不容易壞掉的市售打發鮮奶油，
不過溫暖時期請和保冷劑一起攜帶。

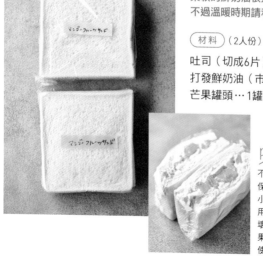

材料（2人份）

吐司（切成6片）…4片
打發鮮奶油（市售）…300㎖
芒果罐頭…1罐（420g）

作法

1 充分擦乾芒果湯汁。

2 在1片吐司上均勻擠出1/4份量的打發鮮奶油，將一半份量的步驟 1 擺在中央。

3 再次擠出1/4份量的鮮奶油，用1片吐司夾起。用相同的方式再製作一組三明治，分別用保鮮膜包起。

Point

不須解凍，在冷凍狀態下連同保鮮膜切成一半攜帶，約1個小時就可以解凍。請一定要使用室溫下也不易塌陷、不易腐壞的市售打發鮮奶油。新鮮水果很容易跑出水分，所以建議使用罐裝芒果。

油炸心形咖哩竹輪

漂亮的心形也可以當作便當的亮點。
用魚肉香腸代替竹輪也很好吃。

（材料）（8個份）

竹輪（垂直切成一半）
　　…4條（8片）

A｜冷開水…3大匙
　｜天婦羅粉…2大匙
　｜咖哩粉、美乃滋
　　　　…各1小匙

炸油…適量

（作法）

1　將1塊竹輪的烤面當作內側，從兩端往中央捲起、用牙籤固定。用相同的方式製作剩下的竹輪共8個。

2　在調理盆中混合 A，裹上步驟 1。

3　在鍋中倒入約1cm深的炸油後以中火加熱，放入步驟 2 並將兩面各煎炸1分鐘。

Point　在麵衣中加入美乃滋，防止乾柴。

薯條雞塊

用雞塊的肉餡包住了炸薯條。
單獨1個就有雙重美味的進化版便當菜。

（材料）（6個份）

A｜雞腿絞肉…150g
　｜顆粒狀雞骨高湯粉
　｜　　…1/2小匙
　｜橄欖油…1/2大匙
　｜胡椒…少許

冷凍炸薯條（楔型的薯條）
　　…6根

低筋麵粉…1大匙

炸油…適量

（作法）

1　在調理盆中放入 A 充分攪拌到產生黏性為止。

2　在冷凍的薯條上沾滿薄薄的低筋麵粉。將每根薯條插入1/6份量的步驟 1 中並露出一半的薯條。

3　在鍋中倒入約2cm深的炸油後以中火加熱，擺放步驟 2，均勻煎炸4分鐘左右。

Point　用豬絞肉取代雞絞肉也很好吃。

豬肉焗豆

因為茄子會吸收並鎖住湯汁與鮮味，
就算冷凍也不會有很多水分、味道不會變得不明顯。

（材料）（容易製作的份量）

豬絞肉…50g

A｜蒸黃豆…100g
　｜洋蔥（切成末）…1/2顆
　｜茄子（切成扇形）…1條

B｜番茄醬…4大匙
　｜水…2大匙
　｜顆粒狀法式清湯粉、蒜泥
　｜　（軟管裝）…各1/4小匙

橄欖油…1大匙

（作法）

1　用中火在平底鍋中加熱橄欖油，放入絞肉拌炒2分鐘左右。

2　轉成偏弱的中火，放入 A 拌炒5分鐘之後，加入 B，邊攪拌邊拌炒3分鐘左右。

起司漢堡排便當 (P.45)的分裝冷凍便當菜

起司漢堡排

在漢堡排中加入很多醬汁一起冷凍，
讓味道徹底融合入味，也可以防止乾柴。

（材料）（4個份）

A │ 綜合絞肉…200g
  │ 麵包粉、牛奶…各1大匙
  │ 鹽、胡椒…各少許

B │ 洋蔥（切成末）…1/2顆
  │ 雞蛋（打散）…1/2顆

沙拉油…2小匙

C │ 番茄醬…3大匙
  │ 洋蔥（切成薄片）…1/4顆
  │ 水…50mℓ

切片起司（切成1cm寬）…2片

（作法）

1 在調理盆中放入 A 充分攪拌到產生黏性為止，加入 B 並攪拌到成團為止。

2 分成4等分，邊排氣邊整型成直徑5cm左右的圓扁狀。

3 用小火在平底鍋中加熱沙拉油，擺放步驟 2 並將兩面各煎3分鐘左右。

4 擦掉多餘的油脂，加入 C 用小火燉3分鐘左右。冷卻後將起司放成十字形狀。

5 連同醬汁放入分裝容器中。

奶油玉米可樂餅春卷

用奶油玉米取代白醬，就可以省下功夫。
用春卷皮捲起後再裹上麵衣，所以非常輕鬆。

（材料）（4個份）

A｜奶油玉米罐頭
　　…1罐（180g）
　太白粉…1/2小匙
　顆粒狀法式清湯粉
　　…1/4小匙
春卷皮…4片
B｜低筋麵粉、雞蛋（打散）、
　　麵包粉…各適量
炸油…適量

（作法）

1 把春卷皮的一角放到手邊，在手邊處放1/4份量混合好的 A，按照手邊、左右的順序摺疊，朝向裡面捲起。在邊緣處塗抹低筋麵粉水（份量外。低筋麵粉和水用相同比例）固定，將尾端朝下放1～2分鐘。用相同的方式共做4個。依標記的順序裹上 B 的麵衣。

2 在平底鍋中倒入約1cm深的炸油

3 後以中火加熱，放入步驟 2 並將兩面各煎炸2分鐘。

南瓜沙拉

加入炸洋蔥，做成像鹹菜一般的複雜滋味。
不會出水是一道適合冷凍的便當菜。

（材料）（容易製作的份量）

南瓜（削皮、切成一口大小）
　…1/4顆
A｜炸洋蔥（市售）
　　…1袋（10g）
　美乃滋…3大匙
　胡椒…少許

（作法）

1 在耐熱調理盆中放入南瓜，鬆鬆地蓋上保鮮膜並用微波爐（600W）加熱7分鐘左右。趁熱搗碎。

2 散熱之後，放入 A 攪拌。

 用冰淇淋勺之類的工具，挖成圓球分裝會更可愛。也可以依個人喜好灑乾燥巴西里！

青花菜檸檬沙拉

與醬汁拌勻後即使冷凍也不會乾燥。
解凍後就會直接散發出薄切檸檬的酸味與香氣！

（材料）（容易製作的份量）

青花菜（分成小朵）…1個
A｜檸檬汁、橄欖油…各1大匙
　砂糖…2小匙
　鹽、粗磨黑胡椒…各少許
檸檬（切成扇形薄片）…適量

（作法）

1 在鍋中燒開大量的熱水，放入青花菜汆燙2分鐘左右，浸泡冷水冷卻後，擦乾水分。

2 在調理盆中混合 A，加入步驟 1 拌勻，連同檸檬放入分裝容器中。

裝滿了咖啡廳的盤菜菜色！

填裝順序

1 裝入乾咖哩飯

2 用沙拉葉
（波士頓萵苣）分隔

3 放入醃漬小黃瓜
與白蘿蔔

4 放入乾煎南瓜

5 放入檸檬奶油香煎旗魚

6 在乾咖哩飯上
再灑上巴西里和起司

乾咖哩便當

辛辣的乾咖哩配上很搭的檸檬奶油風味的嫩煎旗魚取得口味均衡。

大塊的醃漬物口感很好、充滿水分很適合當解膩配菜。

彩椒和南瓜的維他命色令人增進食慾。

※便當菜的作法在P.52～

6

照燒炸雞與粉煎鮭魚便當

同時想吃肉
和魚時就做這個

填裝順序

1 在便當盒的下層裝入白飯
2 在白飯上灑香鬆
3 在便當盒的上層放入日式蔥花蛋捲
4 用生菜分隔
5 放入照燒炸雞
6 放入美乃滋醬油粉煎鮭魚
7 放入牛蒡沙拉

結合了雞肉、鮭魚的2道主菜，有滿滿份量的便當。
味道濃厚的照燒搭配溫和的美乃滋醬油粉煎鮭魚是絕配。
直立裝入咖啡色系的便當菜產生立體感，配上雞蛋的黃色與綠色提升美味度。

※便當菜的作法在P.54～

6

乾咖哩便當 (P.50) 的分裝冷凍便當菜

乾咖哩飯

只要在加熱後混合咖哩粉，就能凸顯香氣與辣味。
白飯也一起冷凍，所以早上非常輕鬆！

材料（4餐份）

A 綜合絞肉…250g
洋蔥（切成末）…1顆（200g）
番茄醬…4大匙
中濃醬…2大匙
蜂蜜…2小匙
蒜泥（軟管裝）…1/4小匙
咖哩粉…1大匙
熱飯…飯碗裝滿4碗份
乾燥巴西里、起司粉
（皆依個人喜好添加）…各適量

作法

1 在耐熱調理盆中放入 A 攪拌，鬆鬆地蓋上保鮮膜並用微波爐（600W）加熱4分鐘左右，取出攪拌。

2 再次鬆鬆地蓋上保鮮膜並加熱4分鐘左右，取出後加入咖哩粉攪拌。

3 加入白飯攪拌，趁熱分成4等分後放在保鮮膜上，依個人喜好灑乾燥巴西里和起司粉包起來。

檸檬奶油香煎旗魚

只要使用偏厚的魚片,除了不容易乾柴,也提升美味度。
雙色彩椒一下子讓便當變得更鮮豔!

(材料)(4個份)

旗魚(切片・切成一半)
　…2片(140g)
A｜鹽、胡椒…各少許
　｜低筋麵粉…2大匙
奶油…10g
檸檬汁…1大匙
紅椒、黃椒(切成1cm丁狀)
　…各1/4顆

(作法)

1 依標記的順序在旗魚上沾滿
　A。

2 用偏弱的中火在平底鍋中加熱
　奶油,擺放步驟1並將兩面各
　煎3分鐘左右,來回淋上檸檬
　汁。中途在空白處放入彩椒拌
　炒40秒左右。

乾煎南瓜

發揮南瓜的甜味,不需要調味。
配色不夠時很便利的一道便當菜。

(材料)(容易製作的份量)

南瓜(切成薄片)…1/8顆
沙拉油…1/2大匙

(作法)

用中火在平底鍋中加熱沙拉油,
擺放南瓜並將兩面各煎2分鐘。

醃漬小黃瓜與白蘿蔔

加鹽搓揉充分去除水分之後,即使厚切也很爽脆可口。
西式或日式的便當菜都很適合搭配。

(材料)(容易製作的份量)

A｜小黃瓜(切成1cm厚的
　｜　圓片)…1條
　｜白蘿蔔(切成1cm厚的
　｜　扇形)…10cm
　｜鹽…1/2小匙
B｜醋、檸檬汁、蜂蜜
　｜　…各3大匙
　｜香草鹽…1/3小匙

(作法)

1 將A放入塑膠袋中充分搓揉,
　放15分鐘左右直到變軟。

2 將步驟1的水分完全擰乾,再
　次放入塑膠袋中加入B使其入
　味。

3 排出空氣並固定開口,醃漬約1
　個小時後瀝乾湯汁放入分裝容
　器中。

照燒炸雞與粉煎鮭魚便當

(P.51) 的分裝冷凍便當菜

照燒炸雞

鹹甜醬汁是極品！除了配白飯、
也可以加入美乃滋做成三明治的配料。

（材料）（4片份）

雞腿肉（切成一半）
　…2片（600g）
沙拉油…1大匙
A 醬油…3大匙
　　砂糖、味醂…各2大匙

（作法）

1 用偏弱的中火在平底鍋中加熱沙
拉油，將雞肉的皮朝下擺入。用
鍋鏟邊擠壓邊煎7分鐘左右，翻面
再煎3分鐘左右。

2 轉小火，加入混合好的 A，收汁
到醬汁反光為止。

美乃滋醬油粉煎鮭魚

挑選日式與西式的精華！
用奶油煎過再裹上美乃滋，所以魚肉不會乾柴。

（材料）（4個份）

新鮮鮭魚（切片・切成一半）
　…2片（140g）
A｜鹽、胡椒…各少許
　｜低筋麵粉…1大匙
奶油…10g
B｜美乃滋…2大匙
　｜醬油…1小匙

（作法）

1 依標記的順序在鮭魚上沾滿 **A**。

2 用偏弱的中火在平底鍋中加熱奶油，擺放步驟 *1* 並將兩面各煎3分鐘左右。轉小火加入 **B**，煎1分鐘左右收汁。

牛蒡沙拉

雖說是不適合冷凍的根莖蔬菜，但只要切得很細就沒問題。
也可以用芝麻醬取代白芝麻增加濃郁感。

（材料）（容易製作的份量）

牛蒡（切成5cm長的細絲）
　…1條
胡蘿蔔（切成5cm長的細絲）
　…1/2條
A｜美乃滋…2大匙
　｜麵味露（2倍濃縮）…2小匙
　｜芝麻油、熟白芝麻
　｜　…各1小匙

（作法）

1 在鍋中燒開大量的熱水，放入牛蒡、胡蘿蔔汆燙4分鐘左右，用篩網撈起後放涼，充分瀝乾水分。

2 在調理盆中混合 **A**，加入步驟 *1* 攪拌。

日式蔥花蛋捲

融入了蔥的美味風味！
做得比一般的玉子燒的水分更多，請享用鬆軟的口感。

（材料）（4個份）

A｜雞蛋（打散）…2顆
　｜萬能蔥（切成蔥花）…1根
　｜水…1大匙
　｜日式白高湯、味醂…各1小匙
沙拉油…4小匙

（作法）

1 在調理盆中放入 **A** 攪拌。

2 在玉子燒鍋中加1小匙沙拉油並用中火加熱，倒入1/4份量的步驟 *1*，由尾端向手邊捲起。捲完之後移動到尾端，用相同的方式重複煎3次，整理形狀。

3 冷卻之後切4等分。

7

只要吃下一口，就彷彿身處沖繩

填裝順序

1 用保鮮膜
　包起炸午餐肉飯糰
2 放入苦瓜雜炒
3 放入胡蘿蔔絲
4 用生菜分隔
5 放入檸檬燉地瓜

午餐肉飯糰

沖繩風便當

將沖繩的靈魂食物油炸備好，做成一大塊進化版午餐肉飯糰當作主角！
搭配的菜色是以豆腐為主的苦瓜雜炒、黃色與橘色顏色漂亮的胡蘿蔔絲、
柔和酸味的檸檬燉地瓜，味道均衡不會太過厚重。

※便當菜的作法在P.58～

7 塔塔南蠻炸雞便當

迷人的塔塔炸雞
與火腿排的組合

填裝順序

1 捏出自己喜歡的飯糰並用海苔捲起、裝入便當盒
2 用沙拉葉（波士頓萵苣）分隔
3 放入起司火腿排
4 放入南蠻炸雞、淋塔塔醬
5 放入日式白湯涼拌高麗菜絲
6 裝飾青花菜雕花
7 裝飾小番茄（不要冷凍）和巴西里

淋上了大量塔塔醬的南蠻炸雞，外觀及口感都令滿意度max。
另一道主菜則是可以沾上一點塔塔醬的美味起司火腿排。
副菜是涼拌高麗菜絲，搭配糖醋南蠻炸雞做成和風滋味。

※便當菜的作法在P.60～

午餐肉飯糰沖繩風便當

(P.56) 的分裝冷凍便當菜

炸午餐肉飯糰的配料

將午餐肉裹上麵衣就可以防止在冷凍過程中氧化。
油炸過後海苔的風味也會更好,一石二鳥。

(材料)(4個份)

午餐肉(切成4等分)
　…1罐(340g)
燒海苔(切成4等分的條狀)
　…全形1片
A 低筋麵粉、雞蛋(打散)、
　　麵包粉…各適量
炸油…適量

(作法)

1 將每塊午餐肉捲上1片海苔,
　按照標記的順序沾 A。

2 在鍋中倒入約1cm深的炸油
　後以中火加熱,擺放步驟 1
　並將兩面各煎炸2分鐘左右。

Point 要吃的時候將熱飯(1小碗飯
碗的份量)捏成小判狀※,放
上解凍好的炸午餐肉飯糰的配
料用保鮮膜包起來。
※譯註:「小判」是日本古代
金幣名稱,呈扁橢圓形。

苦瓜雜炒

苦瓜的苦味在冷凍過後會變柔和，小孩也比較好入口。
這是一道達到營養均衡的健康便當菜。

材料（容易製作的份量）

苦瓜…1條
鹽、胡椒…各適量
芝麻油…2大匙
豬五花肉片（切成4cm長）
　…100g
木棉豆腐（撕成一口大小）
　…1/2盒（150g）
雞蛋（打散）…2顆
醬油…1大匙
柴魚片…1袋（2～3g）

作法

1　將苦瓜垂直切成一半後去囊，切成5mm厚。

2　將步驟 1 和1/3小匙鹽加入塑膠袋中充分搓揉，放10分鐘左右直到變軟，擦乾水分。

3　用中火在平底鍋中加熱芝麻油，放入豬肉、豆腐拌炒4分鐘左右。

4　加入步驟 2，繼續拌炒3分鐘左右，各加入少許的鹽、胡椒。來回倒入蛋液並快速翻炒，加醬油拌炒均勻，灑柴魚片。

Point

重點是完全逼出豆腐的水分。與其用菜刀切，撕碎以後更容易讓水分跑出。煎到上色之後，請用鍋鏟按壓到沒有水分出現為止，再繼續拌炒。

胡蘿蔔絲

將胡蘿蔔切成細絲後，充分拌炒讓水分跑出後，
冷凍出更好的口感、甜度也會增加。

材料（容易製作的份量）

胡蘿蔔（切細絲）…1條
芝麻油…2大匙
雞蛋（打散）…2顆
麵味露（2倍濃縮）…2大匙
A｜鹽、胡椒…各少許

作法

1　用中火在平底鍋中加熱芝麻油，加入胡蘿蔔拌炒3分鐘左右直到變軟。

2　將胡蘿蔔推到一邊，在空白處倒入蛋液，用筷子大幅度攪拌做成炒蛋。

3　拌炒均勻，來回倒入麵味露炒1分鐘左右，灑上 A。

檸檬燉地瓜

酸甜感使人安心的經典便當菜。
蜂蜜在冷凍過程中融合入味、防止乾柴。

材料（容易製作的份量）

地瓜（切成5mm厚的圓片）
　…小型1條（150g）
A｜蜂蜜…2大匙
　｜檸檬汁…1大匙
　｜鹽…少許

作法

1　在耐熱容器中放入地瓜後鬆鬆地蓋上保鮮膜並用微波爐（600W）加熱6分鐘左右。

2　趁熱放入 A 拌勻。

塔塔南蠻炸雞便當 (P.57) 的分裝冷凍便當菜

P.69的
青花菜雕花

日式白高湯涼拌高麗菜絲

令人意外的組合，不過日式白高湯跟橄欖油其實非常搭。
容易使用於和風便當中的滋味。

材料（容易製作的份量）

高麗菜（切成2cm寬的細絲）
… 1/4顆
A｜橄欖油…1大匙
　｜日式白高湯…2小匙
　｜醋…1小匙

作法

1 在鍋中燒開大量的熱水，放入高麗菜汆燙2分鐘左右，浸泡冷水冷卻後，擰乾水分。

2 在調理盆中加入步驟 1、A 拌勻。

塔塔醬南蠻炸雞

南蠻炸雞與塔塔醬，兩種都能冷凍！
在醬汁中加油，防止雞胸肉乾柴。

(材料)（4個份）

雞胸肉（斜切成1cm厚）
　　…1片（300g）
低筋麵粉…1大匙
沙拉油…2大匙
A｜ 砂糖、醋、醬油
　　　…各1大匙
　｜ 芝麻油…1小匙
B｜ 水煮蛋（切碎）…2顆
　｜ 醃漬蔬薌（切碎、
　｜　　瀝乾湯汁）…4顆
　｜ 美乃滋…5大匙
　｜ 巴西里（切成末）…適量
　｜ 鹽、胡椒…各少許

(作法)

1 將雞肉沾滿低筋麵粉。

2 用偏弱的中火在平底鍋中加熱沙拉油，擺放步驟 *1* 並將兩面各煎3分鐘左右。來回倒入混合好的 A，快速裹上醬汁。

3 將 B 混合在一起，做成塔塔醬。

Point 將雞肉和塔塔醬分開冷凍、分開解凍，裝入便當時請將塔塔醬淋在炸雞上。

起司火腿排

火腿和起司都是適合冷凍的食材，所以不需技巧就能美味地冷凍保存。
可以直接吃或淋上自己喜歡的醬汁吃！

(材料)（6個份）

切片火腿…6片
切片起司（切達）…3片
A｜ 雞蛋（打散）…1顆
　｜ 低筋麵粉…4大匙
　｜ 水…2小匙
麵包粉…適量
沙拉油…6大匙

(作法)

1 將每片起司切成一半，分別折成三折。

2 在每片火腿上各放1塊步驟 *1*，摺疊成半圓形。

3 在調理盆中混合 A，滾動步驟 *2* 並沾滿麵包粉。

4 用中火在平底鍋中加熱沙拉油，擺放步驟 *3* 並將兩面各煎炸1～2分鐘。

牛肉丁便當

濃厚醬汁附著在白飯上！

填裝順序

1 裝入白飯
2 放牛肉丁
3 放入法式清湯青花菜
　炒嫩蛋
4 放入義大利麵沙拉

以口味濃厚又下飯的牛肉丁為主，
結合了咖啡廳風格的便當。
牛肉丁的咖啡色很顯眼，所以將青花菜炒雞蛋的黃色×綠色，
加上義大利麵的紅色×綠色讓成品一下子形成鮮豔的印象。

※便當菜的作法在P.64～

8

用乾燒蝦仁&春卷塞滿海鮮與肉類的豪華菜色。
用油料理的中華料理能防止乾燥，是很適合冷凍的便當菜。
只要在冷凍好的湯塊中倒入熱水就變成中華湯底。
除了可以吃到熱騰騰的便當，也可以攝取大量蔬菜，充滿優點。

※便當菜的作法在P.66～

深刻經典

乾燒蝦仁
中華風便當

集結全明星
中式便當菜！

填裝順序

1 裝入焦香醬油炒飯
2 用沙拉葉（波士頓萵苣）分隔
3 放入乾燒蝦仁
4 放入蘆筍肉捲春卷
5 將中華湯底放入湯罐中

8

牛肉丁便當 (P.62) 的分裝冷凍便當菜

牛肉丁

除了配白飯，淋在義大利麵上也很美味！
只經過拌炒但滋味卻很濃郁。

材料（容易製作的份量）

牛邊角肉…200g
洋蔥（切成薄片）…1顆
A｜番茄醬…3大匙
　｜牛奶、中濃醬…各2大匙
　｜低筋麵粉…1小匙
　｜蒜泥（軟管裝）…1/4小匙
奶油…10g
巴西里（切成末、依個人喜好添加）
　…適量

作法

1　在平底鍋中放入牛肉、洋蔥、A 攪拌，將奶油放在上方。

2　轉偏弱的中火，拌炒5～7分鐘。

3　放入分裝容器中，依個人喜好灑巴西里。

義大利麵沙拉

用檸檬清爽的風味做成清淡料理。
為便當增加份量，也可以用於填補空隙。

(材料) (容易製作的份量)

義大利麵（1.6mm）…100g

A 砂糖、醋、美乃滋
　　…各2大匙
　檸檬汁、橄欖油
　　…各1大匙
　鹽…1/4小匙

B 蟹肉棒（撕開）…5條
　冷凍毛豆
　　（解凍後取出豆子）
　　…20個豆莢

(作法)

1 依包裝標示煮熟義大利麵，浸泡冷水，充分瀝乾水分。

2 在調理盆中混合 A，加入步驟 1 和 B 拌勻。

法式清湯青花菜炒嫩蛋

法式清湯恰到好處的濃香襯托青花菜與雞蛋的味道。
小心不要過度加熱，會讓風味變差。

(材料) (容易製作的份量)

A 青花菜（分成小朵）
　　…1個
　水…100mℓ

沙拉油…1大匙

雞蛋（打散）…2顆

B 顆粒狀法式清湯粉
　　…1/2小匙
　胡椒…少許

(作法)

1 在平底鍋中放入 A，加蓋用中火蒸2分鐘左右。

2 打開蓋子讓水分蒸發後，把青花菜移到旁邊倒沙拉油，倒入蛋液，用筷子攪拌製作大份炒蛋。

3 均勻混合在一起，加入 B 快速拌炒。

乾燒蝦仁中華風便當 (P.63) 的分裝冷凍便當菜

乾燒蝦仁

便當中蝦子的紅色顯眼又華麗。
辣度較低，所以請依個人喜好調整。

材料（容易製作的份量）

帶殼蝦⋯12尾
芝麻油⋯1大匙
A | 砂糖、醋、水⋯各2大匙
　 | 番茄醬⋯1大匙
　 | 太白粉⋯1/2小匙
　 | 蒜泥（軟管裝）、豆瓣醬
　 | ⋯各少許

Point 過度加熱蝦子的話，肉質會
變硬縮水，所以請小心不要
過度拌炒。

作法

1 將蝦子保留蝦尾去殼。去除
腸泥並清洗，在腹部劃下幾
道切口，擦乾水分。

2 用中火在平底鍋中加熱芝麻
油，加入步驟 1 拌炒3分鐘左
右。

3 加入混合好的 A，邊攪拌邊
拌炒到濃稠為止。

蘆筍肉捲春卷

只要捲起新鮮的牛肉和蘆筍就OK。
充滿蠔油的鮮味，令人印象深刻的滋味。

(材料)（4捲份）

牛里肌肉片…4片（200g）
蠔油…4小匙
蘆筍（切掉堅硬的部分）
　…12條
春卷皮…4片
炸油…適量

(作法)

1 攤開牛肉，每片各塗1小匙蠔油，各捲入3根蘆筍，做成肉捲。

2 把春卷皮的一角放到手邊，在手邊處各放上1個步驟 1，按照手邊、左右的順序摺疊，朝向裡面捲起，在邊緣處塗抹適量水固定，將尾端朝下放1～2分鐘。

3 在鍋中倒入約3cm深的炸油並加熱到180℃，放入步驟 2 煎炸4分鐘左右直到變成金黃色為止。

焦香醬油炒飯

雖然簡單卻令人嘆息的美味！
配料只有雞蛋和蔥，所以和肉類或海鮮便當菜都很搭喔。

(材料)（2人份）

雞蛋（打散）…3顆
熱飯…飯碗2碗份量
芝麻油…3大匙
A｜日本大蔥（切粗末）…1根
　｜顆粒狀雞骨高湯粉…1小匙
　｜鹽、胡椒…各適量
醬油…1大匙

Point 剛煮好的飯水分很多，所以容易變黏。將冷飯加熱後使用，成品就會粒粒分明。

(作法)

1 用大火在平底鍋中加熱芝麻油，倒入蛋液之後，馬上加入白飯，用木頭鍋鏟邊撥散邊混合在一起。

2 轉成中火，邊撥散邊繼續拌炒，等白飯變得粒粒分明後，放入 A 混合在一起。

3 空出中心處，在空白處添加醬油，快速燒焦後均勻拌炒在一起。

中華湯底

只需倒入熱水就完成，簡易的高湯「湯塊」。
使用汆燙青花菜製作也很美味唷。

(材料)（4餐份）

A｜白菜（切成1cm寬）…2片
　｜白蘿蔔（切細絲）…5cm
　｜鹽…1/3小匙
B｜油豆腐（切成2cm丁狀）
　｜　…1片
　｜蟹肉棒（撕開）…4條
C｜顆粒狀雞骨高湯粉、芝麻油
　｜　…各2大匙
　｜薑泥（軟管裝）…1小匙

(a)

(作法)

1 將 A 放入塑膠袋中充分搓揉，放10分鐘左右直到變軟，充分擰乾水分。

2 攤開保鮮膜，按照 C、B、步驟 1 的順序各放1/4的份量後包成束口袋狀，用紙膠帶固定。共製作4個。

Point 要將便當帶出去時，在用熱水預熱好湯罐中，放入1個用微波爐解凍好的湯塊，倒入熱水250ml（a）。

在便當中加入一個亮點！

食物雕花小菜

只要放入一個，就會馬上讓便當變得華麗的食物雕花小菜。
也可以當解膩小菜使用很方便。

將蔬菜切成花型（扭轉梅花）的方法

1

用花模型壓模。

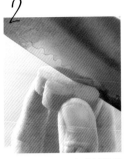

2

朝向花朵的中心在花瓣與花瓣之間，共劃下5道切口。劃下外側深、中心淺的切口是產生立體感的秘訣。

3

橫放刀刃，朝向左邊的切口下刀，削下花瓣的表面。一開始很薄，越接近切口要切得越厚。

4

橫放刀刃，朝向左邊的切口下刀，削下花瓣的表面。一開始很薄，越接近切口要切得越厚。

胡蘿蔔雕花

討厭胡蘿蔔的小孩也會很喜歡的假花！ 用日式白高湯煮過，做成漂亮的橘色。

(材料)（容易製作的份量）

胡蘿蔔（切成1cm厚的圓片）
　…1條
A｜水…200mℓ
　｜日式白高湯、味醂…各2大匙

(作法)

1 用花模型壓胡蘿蔔，做成食物雕花。

2 在鍋中加入步驟 1、A，加上落蓋後開大火。煮沸後轉小火煮10分鐘左右。

紅紫蘇白蘿蔔雕花

用小花模型壓出的花很可愛。醃漬成喜歡的粉紅色後再冷凍。

(材料)（容易製作的份量）

白蘿蔔（切成1cm厚的圓片）
　…180g（4片圓切片）
A｜砂糖…8大匙
　｜醋…6大匙
　｜紅紫蘇香鬆…1小匙

(作法)

1 用花模型壓白蘿蔔，做成食物雕花。

2 將 A 混合在一起，跑出顏色後用濾茶網等工具過濾到容器中。加入步驟 1 後蓋廚房紙巾，醃漬30分鐘～3個小時。濾乾湯汁裝入分裝容器中。

青花菜雕花

帶有鮮味的青花菜梗，光加鹽汆燙就十分美味！ 淺淺的配色可以當作咖啡色便當菜的重點色。

(材料)（容易製作的份量）

青花菜梗（切成7mm厚的圓片）
　…1根份
鹽…1/3小匙

(作法)

1 用花模型壓青花菜梗，做成食物雕花。

2 在鍋中煮沸大量熱水後加入份量標示的鹽，加入步驟 1 汆燙30秒左右。浸泡冷水，擦乾水分。

蓮藕雪花

輕鬆完成模仿雪花的食物雕花。酸甜感促進食慾。請用細的蓮藕製作。

(材料)（容易製作的份量）

蓮藕（切成3mm厚的圓片）
　…1/2節
A｜砂糖…6大匙
　｜醋…5大匙
　｜鹽…少許

(作法)

1 在蓮藕的孔洞外側各切掉一點蓮藕（a）。

2 在鍋中煮沸大量熱水，加入步驟 1 汆燙30秒左右後用篩網撈起，浸泡冷水，瀝乾水分。

3 在調理盆中混合 A，加入步驟 2 醃漬30分鐘左右。瀝乾湯汁放入分裝容器中。

（a）

讓圓形和長條形好看的秘訣！

吸睛的
分裝便當 主菜

Chapter 2

持續做了一段時間的便當菜後，
我發現「圓形」和「長條形」的便當菜最好看！
先做好這種造型，只要放進去就能完全改變便當的世界。
因為馬上變得有立體感，看起來很美味。
請以這些主要便當菜為主，再組合分裝冷凍好的副菜。

※冷凍保存期限都是3個星期

黑芝麻地瓜可樂餅

地瓜的甜味和黑芝麻的濃香是令人回味無窮的美味。
請裹上一層薄薄的麵衣，可以看得見芝麻。

（材料）（4個份）

地瓜（削皮、切成一口大小）…1條（200g）
砂糖…2大匙
熟黑芝麻…適量
A｜低筋麵粉、蛋液、麵包粉…各適量
炸油…適量

（作法）

1 在耐熱調理盆中放入地瓜，鬆鬆地蓋上保鮮膜並用
微波爐（600W）加熱7分鐘左右。取出後加砂糖搗
碎、散熱。

2 分成4等分後搓圓，沾滿黑芝麻，依標記的順序裹
上 A 的麵衣。

3 在鍋中倒入約3cm深的炸油並加熱到180℃，加入
步驟 2 邊滾動邊炸2～3分鐘。

肉丸

只要在剛炸好的肉丸上裹上醬汁即可。
添加了蜂蜜的醬汁不只美味，也會防止冷凍過程中的乾燥。

（材料）（4個份）

雞腿絞肉…150g
A｜太白粉…1大匙
｜鹽、胡椒…各少許
雞蛋（打散）…1/2顆
B｜番茄醬…3大匙
｜中濃醬、蜂蜜…各1大匙
炸油…適量

（作法）

1 在調理盆中加入絞肉、A 充分攪拌到產生黏性為
止，加入蛋液繼續攪拌，分成4等分後搓圓。

2 在另一個調理盆中加入 B 攪拌。

3 在平底鍋中倒入約2cm深的炸油後以中火加熱，加
入步驟 1 邊滾動邊煎炸5分鐘左右。趁熱放入步驟
2 裡裹上醬汁。

味噌豬排風味
洋蔥圈肉捲

乍看之下看起來很像是「甜甜圈!?」的驚喜菜色。
有嚼勁的甜味噌風味很下飯。

材料（4個份）

洋蔥（切成1.5cm厚的圓片）… 1/2顆
豬里肌肉片… 8片（200g）
A｜ 砂糖… 2大匙
　｜ 味醂、紅味噌… 各1大匙
　｜ 熟白芝麻、醬油… 各1小匙
沙拉油… 1/2大匙

作法

1　將洋蔥撥開成圓圈狀，在每塊洋蔥圈上各捲上2片豬肉（a）。

2　用中火在平底鍋中加熱沙拉油，擺放步驟 1 並將兩面各煎2分鐘左右，加入混合好的 A 並裹上醬汁。

Point

為了讓肉捲好之後，在煎的時候也不會鬆脫，請從肉的上方大力握緊黏起來。

（a）

馬鈴薯球

在馬鈴薯泥中加入大量起司！
用法式清湯的味道做成像點心一樣，可以大口大口地吃。

材料（8個份）

馬鈴薯（削皮、切成一口大小）
　… 2顆（200g）
A｜ 太白粉… 1大匙
　｜ 顆粒狀法式清湯粉… 1/2小匙
起司球… 8粒
炸油… 適量

作法

1　在耐熱調理盆中放入馬鈴薯，鬆鬆地蓋上保鮮膜並用微波爐（600W）加熱7分鐘左右。趁熱搗碎、散熱。

2　將 A 加入步驟 1 中攪拌，分成8等分後分別包入1粒起司並搓圓。

3　在平底鍋中倒入約2cm深的炸油後以中火加熱，加入步驟 2 邊滾動邊煎炸1分鐘左右。

鱈寶蔬菜球

鱈寶＋太白粉就算冷掉也很鬆軟。
顏色繽紛還有些許的甜味很受小孩的歡迎。

（材料）（8個份）

A｜鱈寶（撕成小塊）…1片（100g）
　｜太白粉…1/2大匙
B｜胡蘿蔔（切粗末）…1/3條
　｜冷凍毛豆（解凍後取出豆子）…10個豆莢
　｜玉米罐頭（整粒・瀝乾湯汁）…20g
炸油…適量

（作法）

1 在調理盆中放入 A 邊用手搗碎邊充分搓揉，加入
　B 攪拌。分成8等分後滾成直徑4cm的球狀。

2 在鍋中倒入約3cm深的炸油並加熱到180℃，加入
　步驟 1 邊滾動邊炸2～3分鐘。

明太子豆腐麻糬

彈牙的口感令人上癮！
可愛的粉紅色讓便當更加華麗。

（材料）（4個份）

木棉豆腐…1盒（300g）
A｜明太子（去除薄皮）…1條（30g）
　｜太白粉…4大匙
低筋麵粉…1大匙
奶油…10g

（作法）

1 用廚房紙巾包住豆腐，放入耐熱容器中用微波爐
　（600W）加熱3分鐘左右。直接冷卻並瀝乾水分。

2 在調理盆中放入 A，搗碎步驟 1 同時攪拌均勻。分
　成4等分後整型成直徑5cm的圓扁狀，沾上一層薄
　薄的低筋麵粉。

3 在平底鍋中放入奶油並用小火加熱，擺放步驟 2 並
　將兩面各煎3分鐘左右。

Point 豆腐直接冷凍的話口感會變得粗糙，瀝乾水分後和太白粉
　　　一起攪拌、鎖住水分，就變成鬆軟＆彈牙的口感。

御好燒球

雖然做成了章魚燒的形狀，但其實是御好燒麵糊。
要不要在使用章魚燒機時順便做看看呢？

（材料）（8個份）

A │ 雞蛋（打散）…1顆
　│ 低筋麵粉…5大匙
　│ 水…3大匙
　│ 麵味露（2倍濃縮）…2大匙
B │ 高麗菜（切成末）…4片
　│ 紅薑（切碎）…10g
　│ 竹輪（切碎）…2條
沙拉油…1大匙
C │ 御好燒醬汁、海苔粉…各適量

（作法）

1　在調理盆中放入 A 拌勻，加入 B 大略攪拌。

2　在章魚燒機中塗沙拉油並用中間溫度加熱，分別倒
　　入1/8份量的步驟 1 翻面並煎5分鐘左右，淋上 C。

Point　因為麵糊中的味道很重，所以醬汁和海苔粉依個人喜好添
加。

豬邊角肉煎餃

使用大張的水餃皮所以很容易包！
將豬邊角肉搓圓成肉餡，節省了打絞肉的功夫。

（材料）（4個份）

A │ 豬邊角肉…60g
　│ 顆粒狀雞骨高湯粉、薑泥（軟管裝）
　│ 　…各1/4小匙
　│ 芝麻油…1小匙
水餃皮（大張）…4片
冷凍毛豆（解凍後取出豆子）…4粒
芝麻油…1/2大匙

（作法）

1　在調理盆中放入 A 攪拌。

2　分別將1/4份量的步驟 1 搓圓
　　放在每張水餃皮的中央，在
　　皮的邊緣沾適量水（份量
　　外）做出摺痕並包起（a），
　　在中心處各放1顆毛豆。

（a）

3　用中火在平底鍋中加熱芝麻油，擺放步驟 2 倒入水
　　50㎖（份量外）。加蓋油煎3分鐘左右，打開蓋
　　子煎到上色為止。

日式炸雞丸

將敲打後的雞柳搓圓,所以能整型做成柔軟又漂亮的球狀。
比一般的日式炸雞更加清淡。

(材料)(4個份)

雞柳(去除筋膜、將長度切成一半)…2條(120g)

A┃ 顆粒狀法式清湯粉、蒜泥(軟管裝)
 ┃ …各1/2小匙
 ┃ 橄欖油…1小匙

低筋麵粉…2大匙

炸油…適量

(作法)

1 將雞柳放入塑膠袋中,用擀麵棍等工具將厚度敲成
 一半,沾滿 A。把每片肉用力握緊整圓,沾上一層
 薄薄的低筋麵粉。

2 在平底鍋中倒入約2cm深的炸油後以中火加熱,放
 入步驟 1 邊滾動邊煎炸5分鐘左右。

茄子培根捲

一層層捲起的形狀展現立體感。只用培根的鹹味調味,
但吸收了油脂與鮮味的茄子是頂級美味。

(材料)(8個份)

茄子(切成直薄片)…2條

切半培根…8片

鹽…少許

橄欖油…1大匙

(作法)

1 將茄子灑鹽放5分鐘左右直到變軟,快速清洗並擦
 乾水分。

2 在每片茄子上疊上1片培根,從手邊捲起,用牙籤
 固定尾端。

3 用中火在平底鍋中加熱橄欖油,擺放步驟 2 並將兩
 面各煎2分鐘左右。

生火腿包鵪鶉蛋

與蛋加在一起的生火腿的鹹味調味剛剛好。
放入便當時生火腿也必須加熱。

（材料）（6個份）

鵪鶉蛋（水煮）…6顆
生火腿…6片
橄欖油…1/2大匙
乾燥羅勒、細葉香芹（都有的話）
　　…各適量

（作法）

1 在每片生火腿上放1顆鵪鶉蛋包起。

2 用中火在平底鍋中加熱橄欖油，擺放步驟
　1邊滾動邊煎2分鐘左右。冷卻之後如果有
　的話裝飾羅勒與細葉香芹。

青椒鑲肉

在切成圓片的青椒中裝入了
起司口味的豬邊角肉。
比絞肉更容易裝填，
是小孩也很方便食用的尺寸。

（材料）（6個份）

A ┌ 豬邊角肉…180g
　│ 綜合起司…20g
　└ 番茄醬…2大匙
青椒（切成1.5cm寬的圓片）…2顆（6塊）
橄欖油…1/2大匙

（作法）

1 在調理盆中放入 A 搓揉入味，在每塊青椒
　中各填入1/6的份量。

2 用小火在平底鍋中加熱橄欖油，擺放步驟
　1並將兩面各煎3分鐘左右。

長條形 便當菜

長條形便當菜為便當增加立體感很好用！
請大膽地直接將長條斜著放，
或是切開後展示斷面。

蟹肉棒高麗菜捲

用蟹肉棒的鮮味襯托高麗菜的甜味。
填裝時把長度切成一半，
蟹肉棒的紅色就會更加漂亮！

（材料）（4個份）

高麗菜（去芯）…4片（200g）
蟹肉棒…8條
A｜砂糖、醋…各1大匙

（作法）

1 在耐熱盤中放入高麗菜，鬆鬆地蓋上保鮮膜並用微波爐（600W）加熱3分鐘左右，浸泡冷水冷卻。充分擦乾水分，沾滿 A。

2 攤開1片高麗菜，在手邊處放2根蟹肉棒，按照手邊、左右的順序摺疊，朝尾端捲起。用相同的方式製作剩下的高麗菜捲。

Point 高麗菜冷凍過後會變軟，所以請小心不要過度加熱。

鮮蝦蘆筍春卷

鮮蝦的紅色與蘆筍的綠色很漂亮提升美味度。
用雞骨預先調味所以鮮味也是滿分。

（材料）（6條份）

帶殼蝦…6尾（100g）
蘆筍…6條（150g）
春卷皮（垂直切成一半）
　…3片

A｜顆粒狀雞骨高湯粉
　…1/2小匙
　芝麻油…1小匙
　鹽、胡椒…各少許
沙拉油…4大匙

（作法）

1 將蝦子保留蝦尾去殼。去除腸泥並清洗，在腹部劃下幾道切口後用手捏緊拉成直條狀，沾滿 A。切掉蘆筍堅硬的部分，再將長度切成一半。

2 將1片春卷皮的長邊水平擺放，在右邊放1尾蝦和1根蘆筍，稍微超出皮的上方。將皮從下方往內側折疊後，從右邊開始捲起，在邊緣處抹適量水固定，將尾端朝下放1～2分鐘。

3 用小火在平底鍋中加熱沙拉油，擺放步驟 2 邊滾動邊均勻煎8分鐘左右。

中華風香蔥味噌叉燒捲

用叉燒肉再現高級中餐、北京烤鴨！
用市售的田樂味噌或紅味噌取代甜麵醬也很美味唷。

（材料）（4條份）

叉燒（切成10cm長、1.5cm寬的條狀）
　…80g（4條）
日本大蔥（切細絲）…1/3根
水餃皮（大張）…4片
甜麵醬…2小匙
芝麻油…1大匙

（作法）

1　在每張水餃皮的中央各塗抹1/2小匙的甜麵醬，各
　　放上1/4份量的叉燒和日本大蔥。將兩端朝中心折
　　疊，在重疊的部分上塗抹適量水固定。

2　用中火在平底鍋中加熱芝麻油，擺放步驟 *1* 並分別
　　均勻煎30秒左右。

條狀起司炸雞排

雖然雞柳原本就是長條狀，但敲打後長度更長，
柔軟度也提升！

（材料）（4條份）

雞柳（去除筋膜）…4條（240g）
A｜起司粉、橄欖油…各1大匙
　｜胡椒…少許
B｜低筋麵粉、雞蛋（打散）、麵包粉…各適量
C｜起司粉、乾燥巴西里…各適量
炸油…適量

（作法）

1　將雞柳放入塑膠袋中，用擀
　　麵棍等工具在袋子上方敲
　　打，將厚度敲成一半（a）。

2　沾滿 A，對半折疊成條狀
　　（b），依標記的順序裹上
　　B 的麵衣。

3　在平底鍋中倒入約2cm深的
　　炸油後以中火加熱，放入步
　　驟 *2* 並將兩面各炸3分鐘。散
　　熱、沾滿 C。

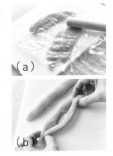
（a）

（b）

Point　因為雞柳很柔軟，所以在油炸之前也要整理形狀，再慢慢
地放入炸油中。

鹹甜辛辣蘆筍肉捲

燒肉醬與咖哩的組合，是冷掉過後也很促進食慾的味道。
用豬里肌肉取代牛肉也OK。

（材料）（4條份）

蘆筍（切掉根部的堅硬部分）…4條
牛里肌肉片…4片（100g）
A｜燒肉醬…2大匙
　｜咖哩粉…1小匙
沙拉油…1/2大匙

（作法）

1 在每根蘆筍上方各捲上1片牛肉。

2 用中火在平底鍋中加熱沙拉油，擺放步驟 **1** 邊滾動邊煎約4分鐘直到肉片的顏色改變，加入混合好的 **A** 並裹上醬汁。

油豆腐串燒

將油豆腐用蜂蜜味噌調味變身成很下飯的濃厚口味。
秘訣在於烤得恰到好處、散發濃香。

（材料）（6串份）

油豆腐（切成3等分的條狀）…2片
低筋麵粉…1大匙
A｜蜂蜜…2大匙
　｜味噌…1大匙
　｜熟白芝麻…2小匙
　｜薑泥（軟管裝）…少許
沙拉油…3大匙

（作法）

1 將油豆腐沾滿低筋麵粉。

2 用中火在平底鍋中加熱沙拉油，擺放步驟 **1** 並將四面各煎1分鐘左右，加入混合好的 **A** 並裹上醬汁。依個人喜好插入竹籤。

Point 冷凍過後油豆腐的水分會消失，變成像肉一般的紮實口感，也會提升嚼勁。

豬排

在味道濃烈的醬汁中奶油的香醇是味道的決勝關鍵。
先去除脂肪的部分，以防冷卻後變白凝固。

（材料）（4塊份）

豬排用豬里肌肉（切掉油脂、垂直切成一半）
　…2片（200g）
低筋麵粉…1大匙
沙拉油…1/2大匙
A｜砂糖、番茄醬…各2大匙
　｜醬油…1大匙
　｜蒜泥（軟管裝）…1/3小匙
奶油…5g

（作法）

1　將豬肉沾滿低筋麵粉。

2　用中火在平底鍋中加熱沙拉油，擺放步驟 1 並將兩
　面各煎2分鐘左右，加入混合好的 A 並裹上醬汁。
　關火，加入奶油並收汁。

鮭魚排

生魚片用的鮭魚沒有刺，是很適合用來做便當的食材。
使用魚磚就能做出漂亮的形狀。

（材料）（5個份）

鮭魚（生魚片用魚磚）…1條（200g）
低筋麵粉…2大匙
奶油…20g
醬油…1小匙
粗磨黑胡椒…適量
檸檬（如果有的話・切成扇形薄片）…5塊

（作法）

1　將鮭魚切成5等分的條狀，沾滿低筋麵粉。

2　用偏弱的中火在平底鍋中加熱奶油，擺放步驟 1 並
　將兩面各煎3分鐘左右。關火，來回淋上醬油並收
　汁，灑黑胡椒。冷卻之後放上檸檬。

Point　含有大量油脂的鮭魚形狀不容易散開，所以推薦使用油花
　　　恰到好處的鮭魚。

Point 在步驟 3 時用微波爐加熱是為了讓烤好之後形狀不會散開。

肉末馬鈴薯條

圓滾又可愛的焗烤馬鈴薯。
用馬鈴薯泥捲起了市售肉醬的創意便當菜。

(材料)（6條份）

馬鈴薯（削皮、切成一口大小）…3顆（300g）
太白粉…2大匙
A ┃ 香腸（切碎）…2條
　┃ 肉醬（市售）…2大匙
　┃ 咖哩粉…1小匙
沙拉油…適量

(作法)

1 在耐熱調理盆中放入馬鈴薯，鬆鬆地蓋上保鮮膜並用微波爐（600W）加熱7分鐘左右。趁熱完全搗碎。

2 散熱之後加入太白粉攪拌，攤開2張保鮮膜各放一半份量的步驟 1，分別攤開成12×16cm的長方形。各放上一半份量混合好的 A 後從手邊處開始捲起來（a）。為了防止破裂，請不要封起保鮮膜的兩端放好。

（a）

3 在耐熱盤中同時放上2條步驟 2，用微波爐（600W）加熱1分鐘左右，撕開保鮮膜。

4 用中火在平底鍋中加熱沙拉油，擺放步驟 3 邊滾動邊煎到稍微上色為止，分別切成3等分。

蠔油美乃滋雞中翅

濃厚醬汁的滋味讓人可以大口大口地吃下白飯。
想增加便當菜組合的變化時也可以使用這道菜。

(材料)（10支份）

雞翅中…10支（200g）
低筋麵粉…1大匙
A ┃ 美乃滋…2大匙
　┃ 蠔油…1小匙
沙拉油…2大匙

(作法)

1 將雞翅中沾滿低筋麵粉。

2 在調理盆中混合 A。

3 用小火在平底鍋中加熱沙拉油，擺放步驟 1 邊翻面邊將兩面各煎3分鐘左右。趁熱放在步驟 2 中並裹上醬汁。

和風鮮蝦麵包條

散發日本大蔥和芝麻油香氣的和風口味。
可以代替主食，清爽又好入口。

材料 （3條份）

蝦仁…120g
吐司（切成6片）…1片
A ┌ 日本大蔥（切成末）…1/2根
  │ 太白粉…1/2大匙
  │ 顆粒狀雞骨高湯粉…1/2小匙
  └ 芝麻油…1小匙

作法

1 用菜刀將蝦子剁碎，放入 A 攪拌。

2 將步驟 1 塗抹在吐司上，再切成3等分的條狀，用
  烤吐司機烤4分鐘左右。

Point 請用微波爐的解凍模式或設定200W解凍之後再裝入便當
中。

照燒海苔起司竹輪

絕對會很好吃的組合。
只在竹輪上塗抹醬汁，突顯了起司與海苔的風味。

材料 （4條份）

竹輪…4條
燒海苔（切成4等分的條狀）…全形1/2片
切片起司（切成一半）…2片
沙拉油…1/2大匙
A ┌ 砂糖…2大匙
  └ 醬油…1大匙

作法

1 用中火在平底鍋中加熱沙拉油，擺放竹輪邊滾動邊
  快速煎熟，放入 A 並裹上醬汁。

2 按照順序在每根竹輪表面各捲上1塊切片起司、海
  苔。

Point 將竹輪趁熱捲上起司後，就會好好黏住。請不要使用遇熱
融化的起司。

照燒梅紫蘇雞柳

用梅子的酸味與綠紫蘇將照燒改變成清爽口味。
切開展示斷面的漩渦狀也可以。

（材料）（8條份）

雞柳（去除筋膜、將長度切成一半）…4條（240g）
綠紫蘇…8片
沙拉油…1大匙
A｜砂糖、醬油、味醂…各1大匙
　｜梅醬（軟管裝）…1小匙

（作法）

1 將雞柳放入塑膠袋中，用擀麵棍等工具將厚度敲成
　一半，在每片雞柳上放1片綠紫蘇捲起。

2 用中火在平底鍋中加熱沙拉油，將步驟 1 捲起尾端
　朝下擺放，邊滾動邊煎5分鐘左右。加入混合好的
　A，塗抹直到反光為止。

四季豆與胡蘿蔔什錦天婦羅

把什錦天婦羅做成長條狀的創新菜色。
用海苔捲起來，所以油炸的過程中也不會失敗散開！

（材料）（4條份）

四季豆…8根
胡蘿蔔（配合切成四季豆的長度）
　…8條切細絲
燒海苔（切成4×10cm的條狀）…條狀4片
A｜天婦羅粉…6大匙
　｜水…5大匙
　｜顆粒狀和風高湯粉、芝麻油…各1小匙
炸油…適量

（作法）

1 將四季豆和胡蘿蔔各2條成一束，用1片海苔捲起，
　在尾端沾適量水稍微放置到黏在一起。

2 在調理盆中將 A 加在一起混合，裹在步驟 1 上。

3 在鍋中倒入約3cm深的炸油並加熱到180℃，放入
　步驟 2 炸3分鐘左右。

夾心香腸

把熱門的羅馬生乳包做成童心滿滿的便當菜！
用於想讓配料偏少的義大利麵便當增加份量的時候。

（材料）（5條份）

香腸…5條
沙拉油…1小匙
A 奶油乳酪…30g
　 乾燥羅勒…1小匙

（作法）

1 用中火在平底鍋中加熱沙拉油，放入香腸迅速煎熟。冷卻之後垂直劃下切口。

2 將混合好的 A 裝入擠花袋中，擠在步驟 1 的切口上。

Point 沒有擠花袋時，請用奶油刀裝填。要是煎過頭外皮會破裂所以請快速煎熟。

鳴門卷造型玉子燒

除了可愛的外觀，雞蛋與鳴門卷的鹹味也非常相配。
也可以使用小孩喜歡的卡通鳴門卷來製作。

（材料）（6塊份）

A 雞蛋…2顆
　 美乃滋…2小匙
　 水…1小匙
沙拉油…1大匙
鳴門卷（切成薄片）…12片

（作法）

1 在調理盆中放入 A 混合在一起。

2 在玉子燒鍋中倒入1/2大匙沙拉油，將6片鳴門卷在內側排成兩排。開小火慢慢加熱，慢慢倒入一半份量的步驟 1。

3 蓋上鋁箔紙煎2～3分鐘直到雞蛋的表面凝固為止。拿掉鋁箔紙，將手邊的蛋往另一邊摺疊（a）。用相同的方式煎剩下的玉子燒，冷卻之後分別切成3等分。

（a）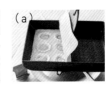

Point 做出漂亮成品的秘訣在於不要煎到上色。如果將鳴門卷放入加熱過的油會馬上燒焦，所以請放在冷油上再開小火。倒入蛋液後也請一直用小火煎。

Chapter 3

一起製作更輕鬆！

料理1次就能做成2道菜的分裝 冷凍 便當菜

「必須做很多道分裝冷凍菜好辛苦……」聽到讀者這樣的心聲，
所以我想出了做1次料理可以完成2道菜的食譜。
想到只要一起加熱蔬菜、一起揉好肉、捲起就好，其實相當輕鬆。
便當菜的味道也變得豐富，充滿優點。

※冷凍保存期限都是3個星期

用 氽燙青花菜 做2道小菜

從鮮蝦美乃滋構想而成的辣美乃滋口味，
用切成大塊的花生增加濃香與口感。
另一道菜則是適合與不同便當菜
搭配的法式清湯口味。
添加了油所以成品味道容易入味、很溫和。

青花菜冷凍過後就會變軟，所以氽燙時要保留硬度。不論是1個還是2個一起氽燙時間都一樣為2分30秒。用冷水降溫之後再調味。

一起氽燙
節省時間！

青花菜拌 辣美乃滋醬

（材料）（容易製作的份量）

青花菜（分成小朵）…1個

A 番茄醬、美乃滋
　…各1又1/2大匙
　花生（切碎）…2小匙
　辣油…1小匙

青花菜拌 法式清湯油

（材料）（容易製作的份量）

青花菜（分成小朵）…1個

A 橄欖油…2大匙
　顆粒狀法式清湯粉
　…1/2小匙

（作法）（2道通用）

1 在鍋中燒開大量的熱水，放入青花菜氽燙2分30秒左右。浸泡冷水冷卻後，擦乾水分。

2 在調理盆中放入 A 和步驟 1 拌勻。

※如果要在步驟 1 同時氽燙好2道菜的份量，分別將 A 放入2個調理盆中，再將青花菜平分放入。

用 汆燙小松菜 做2道小菜

在麵味露中加入了很多生薑的生薑口味，
比經典口味多了一種不同的味道，香氣豐富充滿魅力。
鮪仔魚柑橘口味，冷凍時鮪仔魚吸收水分變軟，
讓鮮味與鹹味融合入味。由於半乾燥的鮪仔魚乾容易結霜，
所以請使用完全乾燥的鮪仔魚乾。

一起汆燙
節省時間！

不論汆燙1把或同時汆
燙2把小松菜，汆燙時
間都是3分鐘左右。請
一起汆燙提升效率吧！
汆燙完成後馬上浸泡冷
水冷卻，充分擰乾水分
之後，即使冷凍口感也
很好，可以維持漂亮的
綠色。

小松菜拌 生薑

（材料）（容易製作的份量）

小松菜…1把
A 生薑（切細絲）…1塊（10g）
麵味露（2倍濃縮）…2大匙
芝麻油…1大匙

小松菜鮪仔魚拌 柑橘醋

（材料）（容易製作的份量）

小松菜…1把
A 鮪仔魚…10g
柑橘醋醬油…3大匙

（作法）（2道通用）

1 在鍋中燒開大量的熱水，放入小松菜汆燙3
分鐘左右。浸泡冷水後擰乾水分，切成4cm
長再充分擰乾水分。

2 在調理盆中放入 A 和步驟 1 拌勻。

※如果要在步驟 1 同時汆燙好2道菜的份量，將 A 分別放入2個
調理盆中，再將小松菜平分放入。

用 加鹽搓揉小黃瓜 做2道小菜

一起切好、加鹽搓揉
節省時間！

鮪魚山葵口味的微微辣度帶出了鮪魚的甜味。
如果去掉山葵加入玉米，
就能做成適合小孩的菜色！
拌入碎昆布的昆布口味，
像醃漬入味一般的鮮味是頂級美味。

把大量購買的小黃瓜，一次性切好
加鹽搓揉完成吧。2條小黃瓜用1/4
小匙鹽，4條小黃瓜則用1/2小匙
鹽。加鹽搓揉後充分擰乾水分，冷
凍過後口感仍然爽脆可口。也有讓
調味液體充分入味的效果！

小黃瓜鮪魚拌 山葵

（材料）（容易製作的份量）

小黃瓜（切成圓薄片）…2條
鹽…1/4小匙
A┃鮪魚罐頭（油漬・連同油一起
　┃　使用）…1小罐（70g）
　┃砂糖、醋…各2大匙
　┃山葵（軟管裝）…1/4小匙

淺漬 小黃瓜昆布

（材料）（容易製作的份量）

小黃瓜（切成圓薄片）…2條
鹽…1/4小匙
A┃碎昆布…5g
　┃紅辣椒（切成圈）…1/2條
　┃日式白高湯、芝麻油…各1大匙

（作法）（2道通用）

1 將小黃瓜和鹽放入塑膠袋中充分搓揉，放10
　分鐘左右直到變軟，充分擰乾水分。

2 在調理盆中放入 A 和步驟 1 拌勻。

※如果要在步驟 1 同時加鹽搓揉2道菜的份量，將 A 分別放入2
個調理盆中，再將小黃瓜平分放入。

用氽燙四季豆 做2道小菜

這道涼拌梅子柴魚片，
用柴魚片的鮮味讓梅子的酸味更好入口。
麵味露柑橘涼拌口味
則加入了麵味露的風味和竹輪的鮮味。
竹輪的圓圈也提升了外觀！

一起微波加熱
節省時間！

微波加熱1道四季豆（10條）的量時，用600W加熱2分鐘左右。2道菜的量（20條）一起加熱時，請用600W加熱3分30秒左右。

四季豆拌 梅子柴魚片

（材料）（容易製作的份量）

四季豆（切成3cm長）…10根（30g）

A ┃ 柴魚片…1袋（2～3g）
　┃ 味醂…2大匙
　┃ 麵味露（2倍濃縮）…1/2大匙
　┃ 梅醬（軟管裝）…1/3小匙

四季豆竹輪拌 麵味露柑橘醋

（材料）（容易製作的份量）

四季豆（切成3cm長）…10根（30g）

A ┃ 竹輪（切成圓薄片）…1條
　┃ 柑橘醋醬油、麵味露（2倍濃縮）
　┃ …各1大匙

（作法）（2道通用）

1　在耐熱容器中放入四季豆，鬆鬆地蓋上保鮮膜，並用微波爐（600W）加熱2分鐘左右。浸泡冷水冷卻後，擦乾水分。

2　在耐熱調理盆中放入 A 攪拌，鬆鬆地蓋上保鮮膜，並用微波爐（600W）加熱40秒左右。冷卻之後加入步驟 1 拌勻。

※如果要在步驟 1 同時微波加熱2道菜的份量，將 A 分別放入2個調理盆中各用微波爐加熱40秒左右，冷卻之後再將四季豆平分放入。

用 炒蓮藕 做2道小菜

可愛粉紅色的明太子起司口味，
只加明太子與起司粉
拌勻不需要調味料。
鹹炒口味的亮點
在於綠紫蘇的配色與清爽的香氣。

一起拌炒
節省時間！

將蓮藕切成薄片短時間拌炒過後，即使冷凍也吃得到爽脆的口感。同時拌炒2道菜份量時，也和炒1道菜份量的時間一樣是5分鐘左右，盡量不要讓蓮藕重疊，所以請使用直徑26cm左右偏大的平底鍋。

明太子起司 蓮藕

（材料）（容易製作的份量）

蓮藕（切成半圓形薄片）…1/2節
芝麻油…1大匙
A 明太子（去除薄皮）…1/2條（15g）
　 起司粉…1/2大匙

鹹炒蓮藕 綠紫蘇

（材料）（容易製作的份量）

蓮藕（切成半圓形薄片）…1/2節
芝麻油…1大匙
A 綠紫蘇（撕成小塊）…3片
　 熟白芝麻…1/2大匙
　 顆粒狀雞骨高湯粉…1小匙

Point 將綠紫蘇切成細絲的話會讓香氣消失，所以請用手撕碎。

（作法）（2道通用）

1 用中火在平底鍋中加熱芝麻油，加入蓮藕拌炒5分鐘左右。

2 取出放入調理盆，趁熱放入 A 攪拌。

※如果要在步驟 1 同時拌炒2道菜的份量，將蓮藕平分放入2個調理盆中，再趁熱分別放入 A 攪拌。

用 馬鈴薯泥 做2道小菜

一起微波加熱並搗碎·節省時間！

洋蔥法式清湯馬鈴薯的調味
是即溶的洋蔥濃湯粉。
只要攪拌就可以做成像店家一樣的味道。
和風口味則是胡麻醬和鹽昆布的濃厚味
用蔥做成尾韻。

冷凍之後馬鈴薯口感會變差，
但要是做成馬鈴薯泥，其滑順
的口感即使冷掉也很濕潤。微
波加熱1道菜份量的馬鈴薯（3
顆）時用600W加熱7～8分
鐘，一起加熱2道菜份量（6
顆）時則用600W加熱11～12
分鐘左右。

法式洋蔥湯 馬鈴薯沙拉

（材料）（容易製作的份量）

馬鈴薯（削皮、切成一口大小）
　…3顆（300g）
A｜顆粒狀洋蔥濃湯粉…1袋
　｜美乃滋…2大匙
　｜巴西里（切碎·依個人喜好）…適量

和風芝麻 馬鈴薯沙拉

（材料）（容易製作的份量）

馬鈴薯（削皮、切成一口大小）
　…3顆（300g）
A｜萬能蔥（切成蔥花）…2根
　｜鹽昆布…3g
　｜胡麻醬（市售）…2大匙
　｜美乃滋…1大匙

（作法）（2道通用）

1　在耐熱容器中放入馬鈴薯，鬆鬆地蓋上保鮮
　　膜並用微波爐（600W）加熱7～8分鐘左
　　右。趁熱放入調理盆中搗碎。

2　冷卻之後加入 A 攪拌。

※如果要在步驟 1 同時微波加熱2道菜的份量，將搗碎的馬鈴薯
平分放入2個調理盆中，再分別加入 A 攪拌。

用 微波地瓜 做2道小菜

核桃味噌口味中甜味噌與核桃的口感
是令人回味無窮的美味。
鹹甜燉菜口味的蜂蜜在冷凍過程中融合入味，
防止地瓜乾柴。
使用細地瓜成品更可愛。

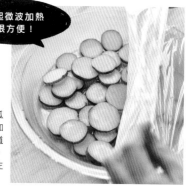
一起微波加熱很方便！

微波加熱1道菜份量的地瓜
（1條‧150g）時用600W加
熱6分鐘左右，一起加熱2道
菜份量（2條‧300g）時，
加熱時間請設定成8分鐘左
右。一起微波提升效率！

核桃味噌 地瓜

（材料）（容易製作的份量）

地瓜（切成5mm厚的圓片）…小型1條（150g）

A | 核桃（切碎）…10g
　| 味醂…3大匙
　| 醬油…1大匙
　| 味噌…1/2大匙

鹹甜 蒸 地瓜

（材料）（容易製作的份量）

地瓜（切成5mm厚的圓片）…小型1條（150g）

A | 蜂蜜…3大匙
　| 醬油…2大匙
　| 水…1大匙
　| 熟黑芝麻…1/2大匙
　| 芝麻油…1小匙

（作法）（2道通用）

1 在耐熱容器中放入地瓜，鬆鬆地蓋上保鮮膜，並用微波爐（600W）加熱6分鐘左右。

2 趁熱加入 A 拌勻。

※如果要在步驟 **1** 同時微波加熱2道菜的份量，將地瓜平分放入
2個調理盆中，再趁熱分別加入 A 拌勻。

用 加鹽搓揉白菜
做2道小菜

紅白對比很漂亮的醃漬物，
也很適合當作便當的重點色。
想要簡單改變日常醃漬物的味道時使用紅薑很方便。
蔥鹽涼拌口味中蟹肉棒的甜度
與蔥的香氣吃起來很清爽。

將白菜切碎有點費力。所以請一起全部切好吧。加鹽搓揉白菜的參考基準是每1/6顆白菜加1/2小匙鹽。兩倍份量的1/3顆白菜則用1小匙鹽。冷凍時的美味祕訣是將水分充分擰乾。加鹽搓揉之後放到變軟後就會很好擰乾。

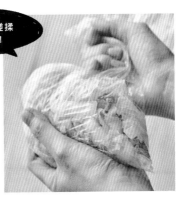

一起加鹽搓揉
很輕鬆！

白菜與紅薑 涼拌菜

(材料)（容易製作的份量）

白菜（切成1cm寬）…1/6顆
鹽…1/2小匙
A 砂糖…3大匙
　 紅薑（切碎）、醋…各2大匙

蔥鹽 拌白菜蟹肉棒

(材料)（容易製作的份量）

白菜（切成1cm寬）…1/6顆
鹽…1/2小匙
A 蟹肉棒（撕開）…5條
　 萬能蔥（切成蔥花）…2根
　 顆粒狀雞骨高湯粉…1/2大匙
　 芝麻油…1大匙
　 胡椒…少許

(作法)（2道通用）

1 將白菜和鹽放入塑膠袋中充分搓揉，放10
　 分鐘左右直到變軟，充分擰乾水分。

2 在調理盆中放入 A 和步驟 1 拌勻。

※如果要在步驟 1 同時加鹽搓揉2道菜的份量，將白菜平分放
　入2個調理盆中，再分別加入 A 拌勻。

用 奶油煎南瓜 做2道小菜

將醬油與番茄醬做成令人上癮的醬汁，
再加入聞不到味道的份量的蒜頭，
即使只有蔬菜也變成了一道很下飯的便當菜。
蜂蜜醬油奶油口味的甜度與鹹味剛剛好，
類似拔絲地瓜的調味很受歡迎。

用奶油煎過，提升了濃香與
甜度！請切成薄片並在短時
間內煮熟。用奶油煎2道菜
份量時的加熱時間也相同，
盡量不要讓南瓜重疊，所以
請使用直徑偏大的平底鍋。

一起用奶油煎
節省時間！

迷人醬香 炒南瓜

(材料)（容易製作的份量）

南瓜（切成一半、再切成5mm厚）
　…1/8顆
沙拉油…1大匙
A｜砂糖、番茄醬…各2大匙
　｜醬油…1大匙
　｜蒜泥（軟管裝）…1/4小匙

蜂蜜醬油奶油

南瓜

(材料)（容易製作的份量）

南瓜（切成一半、再切成5mm厚）
　…1/8顆
沙拉油…1大匙
A｜蜂蜜…3大匙
　｜醬油…2大匙
　｜熟黑芝麻…1大匙
　｜奶油…5g

(作法)（2道通用）

1　用中火在平底鍋中加熱沙拉油，擺放南瓜並
　　將兩面各煎2分鐘，加入 A 並裹上醬汁。

※如果要在步驟 1 同時拌炒2道菜的份量，先取出南瓜，分次放
入一半份量再分別加入 A 裹上醬汁。

用 汆燙胡蘿蔔 做2道小菜

一起汆燙
節省時間！

用生火腿與柚子胡椒的2種鹹味，
襯托了胡蘿蔔的甜味的清淡醃泡口味。
在便當中放入生火腿時，加熱或者做成醃泡菜都行。
凱薩沙拉用市售醬料更省事。
加入培根與起司的口感也很完美。

冷凍胡蘿蔔時的訣竅在於汆燙時要保留偏硬口感。可以降低腥味且變得更容易入口。不論1條或2條汆燙時間都一樣是2分鐘，放入胡蘿蔔之後為了避免熱水的溫度下降，請使用大量的熱水汆燙。

和風醃泡 胡蘿蔔與生火腿

材料（容易製作的份量）

胡蘿蔔（切成5cm長的細絲）…1條
A ┤ 生火腿（撕成容易入口的大小）…4片
　　柑橘醋醬油…2大匙
　　橄欖油…1大匙
　　柚子胡椒（軟管裝）…1/4小匙

胡蘿蔔凱薩沙拉

材料（容易製作的份量）

胡蘿蔔（切成5cm長的細絲）…1條
A ┤ 切片培根（切細絲）…2片
　　凱薩醬（市售）…2大匙
　　起司粉…1/2大匙

作法（2道通用）

1　在鍋中燒開熱水，放入胡蘿蔔汆燙2分鐘左右後用篩網撈起，浸泡冷水。充分瀝乾水分。

2　在調理盆中放入 A 和步驟 1 攪拌。

※如果要在步驟 1 同時汆燙好2道菜的份量，將胡蘿蔔平分放入2個調理盆中，再分別加入 A 攪拌。

用 炒彩椒 做2道小菜

將彩椒做成柴魚味噌口味，變成一道非常適合配白飯的便當菜。柴魚高湯在冷凍過程中融合入味，讓成品充滿了鮮味。番茄醬美乃滋口味則是令人印象深刻的濃郁味道。美乃滋中的油脂含量可以防止冷凍過程中的乾燥。

讓成品有鮮豔的紅色與口感的秘訣在於短時間內迅速拌炒。不論做1道菜份量或2道一起的拌炒時間都一樣是2分鐘。一起拌炒2道份量時請使用較大的平底鍋。

一起拌炒 節省時間！

鹹甜柴魚味噌 炒彩椒

（材料）（容易製作的份量）

紅椒（切成2.5cm丁狀）…1顆
沙拉油…1/2大匙
A │ 柴魚片…1袋（2～3g）
  │ 砂糖…2大匙
  │ 醬油…1大匙
  │ 熟白芝麻、味噌…各1/2大匙

番茄醬 炒彩椒

（材料）（容易製作的份量）

紅椒（切成2.5cm丁狀）…1顆
沙拉油…1/2大匙
A │ 番茄醬、美乃滋…各2大匙

（作法）（2道通用）

1 用中火在平底鍋中加熱沙拉油，放入彩椒拌炒2分鐘左右。

2 加入混合好的 A 快速拌炒。

※如果要在步驟 1 同時拌炒2道菜的份量，先取出彩椒，分次放回一半份量，再分別以步驟 2 的方式製作。

用 加鹽搓揉白蘿蔔
做2道小菜

一起加鹽搓揉
很輕鬆！

在一般的糖醋涼拌菜中，
加入生薑與芝麻油轉變為豐富的風味。
添加蘿蔔嬰的刺激感，也很推薦當作解膩配菜。
佃煮涼拌菜從白蘿蔔中跑出水分，所以沒有像外觀看起來
那麼鹹。溫和的滋味，讓人停不下筷子。

統一切碎白蘿蔔並加鹽搓
揉，花費一次的功夫就可
以做成2道菜節省時間。也
很建議想大量消耗白蘿蔔
時製作。加鹽搓揉後除了讓味
白蘿蔔的水分，除了讓味
道完全融入味，也得到
了爽脆的口感！

涼拌白蘿蔔 佃煮

（材料）（容易製作的份量）

白蘿蔔（切成5cm長的細絲）…10cm
鹽…1/3小匙
A 萬能蔥（切成蔥花）…2根
　 海苔佃煮（海苔醬）…2大匙

涼拌 糖醋 白蘿蔔

（材料）（容易製作的份量）

白蘿蔔（切成5cm長的細絲）…10cm
鹽…1/3小匙
A 蘿蔔嬰（切掉根部）…1袋
　 砂糖、醬油、醋…各2大匙
　 芝麻油…1/2大匙
　 薑泥（軟管裝）…1/4小匙

（作法）（2道通用）

1 將白蘿蔔和鹽放入塑膠袋中充分搓揉，放10分鐘
　左右直到變軟，充分擰乾水分。

2 在調理盆中放入步驟 1 和 A 拌勻。

※如果要在步驟 1 同時加鹽搓揉2道菜的份量，將白蘿蔔平分放入2
個調理盆中，再分別放入 A 拌勻。

用 一口漢堡排
做2道小菜

咖哩的辛辣感很促進食慾，
在咖哩照燒漢堡排中放入很多咖哩粉，
冷凍過後也可以吃到咖哩風味。
洋蔥醬汁口味的秘訣
在於不要過度拌炒洋蔥。

一起捏好再煎
很輕鬆！

製作漢堡排時會把手弄髒，所
以是想要提前統一做好的便
當菜No.1！在肉餡中放入麵
包粉鎖住肉汁，可以防止煎
到縮水讓成品很多汁。將洋
蔥冷凍後會變軟，所以直接
放新鮮的也沒關係。

咖哩照燒 漢堡排

（材料）（4個份）

綜合絞肉…250g
A ┃ 洋蔥（切成末）…1/2顆
　 ┃ 麵包粉、牛奶…各1大匙
　 ┃ 鹽、胡椒…各少許
雞蛋（打散）…1/2顆

B ┃ 砂糖、醬油…各2大匙
　 ┃ 味醂…1大匙
　 ┃ 咖哩粉…1/2小匙
沙拉油…2小匙

洋蔥醬 漢堡排

（材料）（4個份）

綜合絞肉…250g
A ┃ 洋蔥（切成末）…1/2顆
　 ┃ 麵包粉、牛奶…各1大匙
　 ┃ 鹽、胡椒…各少許
雞蛋（打散）…1/2顆
B ┃ 洋蔥（切成末）…1/4顆
　 ┃ 味醂、柑橘醋醬油…各2大匙
沙拉油…2小匙

（作法）（2道通用）

1 在調理盆中放入絞肉、A 充分攪拌到產生黏性為止，加
入雞蛋繼續攪拌。分成4等分邊排出空氣，邊整型成直
徑5cm的圓扁狀。

2 用中火在平底鍋中加熱沙拉油，擺入步驟 1，轉小火並
將兩面各煎3分鐘左右直到上色為止。

3 擦拭多餘的油脂，加入 B 用小火收汁1分鐘左右。

※如果要在步驟 1 同時製作2道菜的份量，一次統一煎8個，取出分好後分別用
和步驟 3 一樣的方式製作。

用 肉丸子 做2道小菜

七味粉×生薑香氣充足，
香味糖醋醬汁口味令人印象深刻，
就算冷掉也不會走味。
奧羅拉醬口味只要裹上番茄醬×美乃滋就好。
就可以把平凡的肉丸升級成華麗的美味便當菜。

一起捏好再炸
很輕鬆！

把肉捏好再炸的肉丸子，只要
事前統一料理好就能將辛苦減
半。這份食譜做2道菜可以用
完1整顆雞蛋所以更推薦一起
做！用生薑和芝麻油為肉餡增
添風味，特別的內餡和醬汁可
以充分享受肉的美味。

香味糖醋 肉丸子

(材料)（8個份）

豬絞肉…200g
雞蛋（打散）…1/2顆
A｜太白粉、芝麻油
　　…各2小匙
　｜薑泥（軟管裝）…1/4小匙
　｜鹽…少許
B｜砂糖、醬油、醋
　　…各2大匙
　｜七味唐辛子…1/2小匙
炸油…適量

奧羅拉醬 肉丸子

(材料)（8個份）

豬絞肉…200g
雞蛋（打散）…1/2顆
A｜太白粉、芝麻油…各2小匙
　｜薑泥（軟管裝）…1/4小匙
　｜鹽…少許
B｜美乃滋、番茄醬…各2大匙
炸油…適量

(作法)（2道通用）

1 在調理盆中加入絞肉、A 充分攪拌到產生黏性為
主，加入雞蛋繼續攪拌，分成8等分後搓圓。

2 在耐熱容器中加入 B 攪拌，不須蓋保鮮膜用微波爐
（600W）加熱30秒左右。

3 在鍋中倒入約3cm深的炸油並加熱到180℃，放入
步驟 1 炸3～4分鐘，裹上步驟 2 的醬汁。

※如果要在步驟 1 同時製作2道菜的份量，在步驟 3 一起放入16個炸3～
4分鐘後，平分並分別裹上微波加熱過的 B。

用 **春卷** 做2道小菜

不只能簡單地用塔塔醬做出塔塔醬春卷，
還有像鮮蝦美乃滋一樣令人驚訝的滋味。
口感滿分的生火腿&起司
很適合放入食欲旺盛時期的便當中。
炸完生火腿後吃起來像鹹豬肉一樣的鮮味和口感。

一起捲好再炸
很輕鬆！

只要捲起配料就完成的
簡易春卷。同時製作2
道菜，就能同時一起炸
好所以非常輕鬆！

鮮蝦塔塔 春卷

(材料)（4條份）

春卷皮…4片

A｜蝦仁…8尾
　｜洋蔥（切成末）…1/4顆
　｜美乃滋…2大匙
　｜胡椒…少許
　｜巴西里（切碎·依個人喜好添加）…適量

炸油…適量

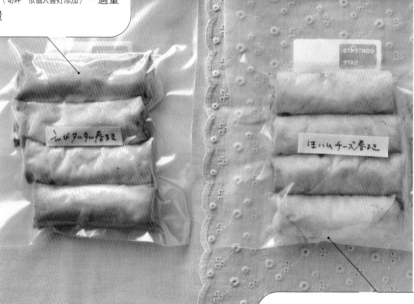

生火腿起司 春卷

(材料)（4條份）

春卷皮…4片

A｜生火腿…8片
　｜融化起司條…4條

炸油…適量

(作法)（2道通用）

1 把春卷皮的一角放到手邊，在手邊處依標記的順序
各放上1/4份量的 A，按照手邊、左右的順序摺
疊，朝向裡面捲起。在尾端塗抹適量水固定，將尾
端朝下放1～2分鐘。

2 在鍋中倒入約3cm深的炸油並加熱到180℃，放入
步驟 **1** 炸3分鐘左右直到變成金黃色為止。

※如果要在步驟 **1** 同時製作2道菜的份量，全部一起放入炸油中炸3分鐘
左右。

用 雞肉丸 做2道小菜

美乃滋柑橘口味中
加了美乃滋產生濃郁感，
除了配飯以外也可以夾在熱狗麵包中。
韭菜醬口味則是濃縮了韭菜的香氣。
給小孩吃的便當請減少辣椒醬的量。

一起捏好再煎
很輕鬆！

雞肉丸會把手弄髒，所以事
先統一捏好煎過就很輕鬆。
這道食譜中做2道菜可以用
完1整顆雞蛋，不會浪費。
為了讓脂肪少的雞絞肉在冷
凍時不會乾燥，重點在於先
拌入芝麻油。產生香濃味變
得更加美味。

美乃滋柑橘醋 雞肉丸

（材料）（8個份）

雞腿絞肉…200g

A｜ 雞蛋（打散）…1/2顆
　　太白粉…2小匙
　　醬油、芝麻油…各1小匙
　　鹽…少許

沙拉油…1/2大匙

B｜ 美乃滋…2大匙
　　柑橘醋醬油…1大匙
　　萬能蔥（切成蔥花）…適量

韭菜醬燒 雞肉丸

（材料）（8個份）

雞腿絞肉…200g

A｜ 雞蛋（打散）…1/2顆
　　太白粉…2小匙
　　醬油、芝麻油…各1小匙
　　鹽…少許

沙拉油…1/2大匙

B｜ 韭菜（切碎）…1/2把
　　味醂…2大匙
　　醬油…1/2大匙
　　熟白芝麻、韓式辣椒醬
　　　…各2小匙

（作法）（2道通用）

1 在調理盆中加入絞肉、A 充分搓揉直到產生黏性為
　止，分成8等分後整型成直徑5cm的圓扁狀。

2 用中火在平底鍋中加熱沙拉油，擺入步驟 1 煎3分
　鐘左右。煎到上色後轉小火，翻面再煎3分鐘左
　右。

3 擦拭多餘的油脂，加入 B 並收汁1分鐘左右。

※在步驟 1 同時製作2道菜的份量時，一次同時煎8個，取出分開後再分
別用和步驟 3 一樣的方式製作。

用 可樂餅 做2道小菜

無論哪道都是濃厚的口味，
所以不加醬汁就可以吃。
芋頭可樂餅很彈牙，滋味清爽。
南瓜可樂餅帶有自然的甜味，
很推薦做給不愛吃蔬菜的孩子吃。

一起做好麻煩的裹麵衣步驟的話，就不會浪費材料也能迅速完成。2道菜都用相同的調味，所以製作內餡也非常輕鬆。

一起裹麵衣再炸很輕鬆！

芋頭 可樂餅

材料（4個份）

A 芋頭（削皮、
　切成一口大小）
　…6顆（300g）

B 燒肉醬、麵味露
　（2倍濃縮）
　…各1大匙

C 低筋麵粉、蛋液、麵包粉
　…各適量

炸油…適量

里芋コロッケ　　かぼちゃ コロッケ

南瓜 可樂餅

材料（4個份）

A 南瓜（削皮、切成一口大小）
　…1/4顆（300g）

B 燒肉醬、麵味露（2倍濃縮）
　…各1大匙

C 低筋麵粉、蛋液、麵包粉
　…各適量

炸油…適量

作法（2道通用）

1 在耐熱調理盆中放入 A、B，鬆鬆地蓋上保鮮膜並用微波爐加熱5分鐘左右，趁熱搗碎並攪拌。

2 冷卻之後分成4等分並整型成直徑6cm的圓扁狀，依標記的順序裹上 C 的麵衣。

3 在鍋中倒入約3cm深的炸油並加熱到180℃，加入步驟 1 炸2～3分鐘直到變成金黃色為止。

※如果想要同時製作2道菜，在步驟 1 分別加熱5分鐘後，用相同的方式做步驟 2，在步驟 3 分成2次油炸。

用 燒賣 做2道小菜

加太白粉鎖住蔬菜的水分，
做出即使冷掉仍然多汁的燒賣。
茄子燒賣中的茄子吸收了肉汁所以鮮味也會加倍。
可愛的黃色玉米燒賣，
玉米的顆粒感與甜味令人著迷。

包了幾個燒賣後就會掌握製作燒賣的訣竅，所以請一口氣包好2道菜的份量吧。首先將拇指和食指合起做成一個圈後放燒賣皮，再放上肉餡。連外皮一起捏緊並把配料包進去，用湯匙背面邊擠壓邊整理形狀就完成！同時微波加熱2道菜份量（16顆）時用600W加熱9～11分鐘左右。

一起包好
很輕鬆！

茄子 燒賣

（材料）（8個份）

A 豬絞肉…100g
　 鹽、胡椒…各少許
B 茄子（切成粗末）
　　…1/2條（50g）
　 洋蔥（切成末）
　　…1/4顆（50g）
　 太白粉…2小匙
　 顆粒狀雞骨高湯粉
　　…1/4小匙
　 砂糖、芝麻油…各1小匙
燒賣皮…8張

玉米 燒賣

（材料）（8個份）

A 豬絞肉…100g
　 鹽、胡椒…各少許
B 玉米罐頭（整粒·瀝乾湯汁）
　　…50g（淨重）
　 洋蔥（切成末）…1/4顆（50g）
　 太白粉…2小匙
　 砂糖、芝麻油…各1小匙
　 顆粒狀雞骨高湯粉…1/4小匙
　 鹽、胡椒…各少許
燒賣皮…8張

（作法）（2道通用）

1 在調理盆中放入 A 攪拌到產生黏性為止，加入 B 繼續攪拌。

2 在燒賣皮上各放1/8份量的步驟 1，打摺並包起。

3 在耐熱盤上鋪烘焙紙，空出間隔擺放步驟 2，來回淋上1大匙水（份量外），鬆鬆地蓋上保鮮膜用微波爐（600W）加熱5分鐘左右。取出後繼續蓋著保鮮膜放涼。

※如果想要同時製作2道菜，在步驟 1 製作不同口味的肉餡，用相同的方式做步驟 2，在步驟 3 分別用微波爐加熱8個。（同時微波加熱16個時，用600W加熱7分鐘左右）。

用 **蔬菜炒肉** 做2道小菜

一起切、一起拌炒
‧很輕鬆！

可以享用高麗菜的甜味的微辣營養口味，
滋味不會太重
想吃大量蔬菜時很推薦做這道。
胡麻醬口味使用了雙重芝麻醬&熟芝麻
吃得到豐富的滋味。

一起拌炒蔬菜炒肉可以製作
2道菜的份量。雖然使用一
樣的食材，但滋味不同就可
以當作不同的菜享用所以我
很推薦！為了在冷凍過後保
留口感，嚴禁過度拌炒。把
蔬菜替換成青江菜或彩椒也
很美味唷。

微辣營養
蔬菜炒肉

（材料）（容易製作的份量）

豬邊角肉… 100g
青椒（切成1cm寬）… 2顆
高麗菜（切成4cm大小）
　… 1/8顆
芝麻油… 1大匙
A 醬油… 3大匙
　砂糖… 2大匙
　豆瓣醬… 1/4小匙

胡麻醬 蔬菜炒肉

（材料）（容易製作的份量）

豬邊角肉… 100g
青椒（切成1cm寬）… 2顆
高麗菜（切成4cm大小）… 1/8顆
芝麻油… 1大匙
A 胡麻醬（市售）… 4大匙
　熟白芝麻… 2小匙
　鹽、胡椒… 各少許

（作法）（2道通用）

1　用中火在平底鍋中加熱芝麻油，放入豬肉拌
　炒4分鐘左右。加入青椒和高麗菜拌炒2分鐘
　左右。

2　趁熱取出放到調理盆中，加入混合好的 A 拌
　勻。

※如果要在步驟 1 同時拌炒2道菜的份量，將炒菜平分放入2個
調理盆中，分別加入 A 拌勻。

用 日式炸雞 做2道小菜

酸甜感與辣度令人上癮的油淋雞風味。
給小孩吃的只要減少辣油的量，
就能美味享用。
在冷凍之後蔥鹽口味的辣味會變溫和，
所以放入了大量的蔥。

考慮到準備炸油和後面的
收拾，一起煎炸絕對會更
輕鬆。日式炸雞是經典的
人氣便當菜，所以事先大
量做好很方便。

一起煎炸
節省時間！

油淋雞風味
日式炸雞

(材料)（容易製作的份量）

雞腿肉（切成一口大小）
…1片（300g）

A｜醬油…1大匙
　｜芝麻油…1小匙
　｜蒜泥（軟管裝）…1/3小匙

B｜低筋麵粉、太白粉
　｜…各2大匙

C｜砂糖、醋…各2大匙
　｜醬油…1又1/2大匙
　｜熟白芝麻…1小匙
　｜辣油…1/4小匙

炸油…適量

蔥鹽日式炸雞

(材料)（容易製作的份量）

雞腿肉…1片（300g）

A｜醬油…1大匙
　｜芝麻油…1小匙
　｜蒜泥（軟管裝）…1/3小匙

B｜低筋麵粉、太白粉…各2大匙

C｜日本大蔥（切成末）…1/2根
　｜芝麻油…1大匙
　｜檸檬汁…1小匙
　｜顆粒狀雞骨高湯粉…1/2小匙
　｜胡椒…少許

炸油…適量

(作法)（2道通用）

1 將雞肉、A 加入塑膠袋中充分搓揉入味，加入
　混合好的 B 使其入味。

2 在平底鍋中倒入約3cm深的炸油後以中火加
　熱，加入步驟 1，煎炸5分鐘左右直到變成金黃
　色為止。

3 淋上混合好的 C。

※如果要在步驟 1、2 同時製作2道菜的份量，在步驟 3 平分後分
別淋上 C。

Point

冷凍之後日本大蔥
容易跑出水分，所
以請充分擰乾後再
加入。

用 **肉捲** 做 2 道小菜

茄子肉捲中海綿狀的茄子吸收了醬汁，
濃厚的味道和份量是一道令人開心的便當菜。
將獅子唐辛子捲起後
還是可以從旁邊看到留下的蒂頭，
提高外觀的重點！

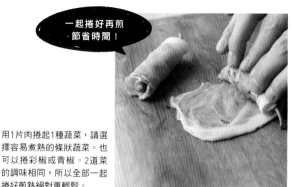

一起捲好再煎
·節省時間！

用1片肉捲起1種蔬菜，請選
擇容易煮熟的條狀蔬菜。也
可以捲彩椒或青椒。2道菜
的調味相同，所以全部一起
捲好煎熟絕對更輕鬆。

茄子 肉捲

（材料）（4捲份）

豬里肌肉片…4片（100g）

A | 茄子（切成條狀）
    …1/2條（條狀4條份）

B | 砂糖、水…各2大匙
    中濃醬…1大匙
    醬油…1/2大匙

沙拉油…1大匙

獅子唐辛子 肉捲

（材料）（4捲份）

豬里肌肉片…4片（100g）

A | 獅子唐辛子（用牙籤在數處
    戳洞）…4條

B | 砂糖、水…各2大匙
    中濃醬…1大匙
    醬油…1/2大匙

沙拉油…1大匙

（作法）（2道通用）

1 在每片豬肉上各放1根 **A** 並捲起。

2 用中火在平底鍋中加熱沙拉油，將步驟 **1** 的尾
端朝下擺放，偶爾滾動並煎3分鐘左右，轉成
小火加入混合好的 **B**，收汁1分鐘左右直到反
光為止。

※如果要在步驟 **1** 同時捲好2道菜的份量，步驟 **2** 則要在平底鍋中
加熱2大匙沙拉油，將步驟 **1** 全部放入並煎3分鐘左右，加入兩倍
的 **B** 並收汁。

Point

不用豬五花肉而是用脂肪
較少的里肌肉的話，冷卻
後脂肪不會變白凝固，可
以美味地享用。

用 水煮蛋 做2道小菜

方便的溏心蛋可以用來增添份量或是讓色彩更繽紛。
用伍斯塔醬汁調味、充滿香料味的中華風口味溏心蛋，
光是這道就可以升級成有特別感的便當。
經典的麵味露基底的和風口味，
不論與哪種便當搭配都非常適合。

一次統一將熱水燒開或準備醃料，省下力氣吧。水煮蛋不能直接冷凍，但泡入醃料中醃漬2～3天入味後，蛋白中的水分跑出後就可以冷凍囉。

一起汆燙、醃漬
很輕鬆！

中華風 溏心蛋

(材料)（4顆份）

半熟水煮蛋…（尺寸L）4顆

A｜砂糖、醬油、醋、伍斯特醬
　｜…各1大匙

和風 溏心蛋

(材料)（4顆份）

半熟水煮蛋…（尺寸L）4顆

A｜麵味露（2倍濃縮）
　｜…6大匙
　｜薑泥（軟管裝）…1/4小匙

(作法)（2道通用）

1 將擦掉水分的水煮蛋、A 放入塑膠袋中，擠出空氣並封口，放在冰箱冷藏2～3天，保存到縮小一圈為止。

2 擦乾蛋的湯水，將每顆蛋分別用保鮮膜包起冷凍保存。

半熟水煮蛋的作法

1 在偏大的鍋中倒入大量的水，加熱到開始冒出小泡後，輕輕放入剛從冷藏中拿出的雞蛋（建議用尺寸L）輕輕滾動並用中火水煮8分30秒左右，馬上用流水沖洗。

2 在冷水中剝蛋殼。從雞蛋較鈍的地方開始剝，讓水進入蛋殼與薄皮之間，就容易剝得很漂亮。

可以做便當也可以當早餐！

鹹食吐司&
甜點吐司的

事先製作冷凍吐司

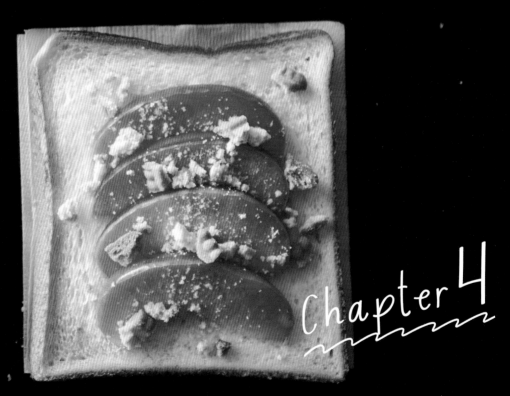

Chapter 4

以下是我曾在Instagram和部落格中介紹，並受到熱烈好評的吐司食譜。
在吐司上放配料並冷凍，只要在冷凍狀態下烤吐司即可，
雖然很簡單但外觀和滋味都超棒！
放了很多菜餚的鹹食吐司可以直接當成便當吃，也很推薦當早餐吃。
甜甜～的甜點吐司請當早餐或點心吃。

※冷凍保存期限都是3個星期

牛蒡絲嫩蛋美乃滋吐司

又甜又辣的炒牛蒡絲與鬆軟雞蛋的黃金組合。
集合了美乃滋的濃郁感！

（材料）（2片份）

吐司（切成6片）…2片
雞蛋（打散）…4顆
沙拉油…1大匙
美乃滋…4大匙
炒牛蒡絲（市售）…30g
七味唐辛子（依個人喜好添加）
　…適量

（作法）

1 用中火在平底鍋中加熱沙拉油，倒
　入蛋液後大幅度攪拌，製作炒蛋。
　冷卻之後，混合美乃滋。

2 在每片吐司上各放一半份量的步驟
　1，各放一半份量的炒牛蒡絲，依
　個人喜好灑七味粉。

要冷凍時…

冷凍吐司比一般吐司要花更多時間烤，
所以為了避免吐司邊燒焦用鋁箔紙包住
吐司邊，再均勻包上保鮮膜後，放入保
存袋中冷凍。保存期限是3個星期。

香腸&辣豆醬吐司

製作辣豆醬竟然只要攪拌就好超簡單！
灑上起司粉也很美味。

（材料）（2片份）

吐司（6片裝）…2片
A｜香腸（切成1cm厚的圓片）…2條
　｜紅椒（切成1cm丁狀）…1/4顆
　｜蒸黃豆…30g
　｜番茄醬…3大匙
　｜橄欖油…1/2大匙
　｜綜合辣椒粉（沒有的話用純辣椒粉）
　｜　…少許
巴西里（切成末・如果有的話）…適量

（作法）

1 將 A 加在一起攪拌。

2 在每片吐司上各放一半
　份量的步驟 1，如果有
　的話就灑上巴西里。

要吃的時候…

撕掉保鮮膜，用噴霧器輕輕噴水，直接
包著鋁箔紙用烤吐司機烤13～15分
鐘。用有蒸氣功能的烤吐司機會更棒。

鹹食吐司

蘋果
肉桂餅乾吐司

酸酸甜甜的蘋果，
配上餅乾的酥脆和肉桂的香氣當作點綴。

(材料)（2片份）

吐司（6片裝）…2片
A┌ 蘋果（帶皮切成薄的楔型）
 │ …1/2顆份（8塊）
 │ 晶粒砂糖…3大匙
 └ 檸檬汁…1/2大匙
奶油（融化）…2大匙
B┌ 肉桂粉…適量
 └ 餅乾（打碎）…2片

(作法)

1 在平底鍋中放入 A，用中火煎3分鐘左右放涼，瀝乾湯汁。

2 在每片吐司上各塗一半份量的奶油，分別放上一半份量的步驟 1，各灑一半份量的 B。

Point 用奶油和砂糖拌炒地瓜防止乾柴。
甜味與些許苦味的和諧度絕佳。

焦糖
奶油地瓜吐司

如果蘋果的湯汁滲入吐司中，出爐成品會變得黏膩，
所以請一定要抹上奶油後再放蘋果。

(材料)（2片份）

吐司（6片裝）…2片
地瓜（切成一口大小）…大型1條（300g）
A┌ 奶油…20g
 └ 砂糖…4大匙
B┌ 杏仁片…適量
 └ 鹽…一撮

(作法)

1 在耐熱調理盆中放入地瓜，鬆鬆地蓋上保鮮膜並用微波爐（600W）加熱7分鐘左右。

2 在平底鍋中放入 A、步驟 1，用中火拌炒約2～3分鐘炒到有點焦後放涼。

3 在每片吐司上各放一半份量的步驟 2，各灑上一半份量的 B。

日式炸雞&
和風塔塔醬吐司

在份量滿滿的日式炸雞中，
配上放了醃黃蘿蔔的清爽塔塔醬十分和諧。

(材料)（2片份）

吐司（6片裝）…2片
日式炸雞（市售・切成容易入口的大小）
　…6個
A 醃黃蘿蔔（切成末）…30g
　萬能蔥（切成蔥花）…1/4把
　美乃滋…4大匙

(作法)

在每片吐司上各塗抹一半份量混合好的 A，各放上一
半份量的日式炸雞。

培根
番茄起司吐司

培根脂肪的香醇與醬料令人上癮！
用市售的醬料輕鬆做成美味料理。

(材料)（2片份）

吐司（六片裝）…2片
切片起司…2片
義式醬料（市售）…2大匙
A 切片培根（切成2cm寬）…1片
　小番茄（切成一半）…4顆
　青花菜（切碎）…3小朵

(作法)

在每片吐司上各放1片起司，在起司上方各塗抹一半
份量的醬料，各放一半份量的 A。

Point　如果醬汁滲入吐司中烤出來的成品會變硬，所以請把醬
料塗抹在起司的上方。也請擦乾小番茄切口的水分。

鹹食吐司

蜂蜜
莫札瑞拉吐司

又甜又鹹的組合，讓人停不下來的無限吐司。
Q彈的起司超棒！

（材料）（2片份）

吐司（6片裝）…2片
奶油（融化）、蜂蜜…各2大匙
A｜莫札瑞拉起司（一口大小）…16個
　｜核桃（切碎）…10g
B｜鹽、粗磨黑胡椒…各少許
細葉香芹（如果有的話）…適量

（作法）

在每片吐司上按照順序各抹一半份量的奶油、蜂蜜，
各放一半份量的 A 再灑上 B。如果有的話裝飾細葉
香芹。

三色糯米糰
黃豆粉紅豆餡吐司

放了紅豆餡和團子的犯規和菓子風格吐司。
也可以在出爐成品上灑黃豆粉。

（材料）（2片份）

吐司（6片裝）…2片
紅豆餡…80g
A｜黃豆粉…2大匙
　｜鹽…少許
三色糯米糰子（市售·拔掉竹籤）…2串

（作法）

在每片吐司上各抹一半份量的紅豆餡，各灑一半混合
好的 A，各放上一半份量的糰子。

Point　比起用白玉粉自己製作糰子，市售商品冷凍過後也能維
持彈性。

鹹食吐司

起司肉醬&
馬鈴薯吐司

在烤得剛好且熱騰騰的馬鈴薯上沾滿肉醬！
是小孩超愛的味道。

材料（2片份）

吐司（6片裝）…2片

切片切達起司…2片

A┃ 肉醬（市售）…3大匙
┃ 冷凍炸薯條（楔型的薯條）…8根
┃ 青椒（切成圓薄片）…1顆

作法

在每片吐司上各抹一半份量的紅豆餡，各灑一半混合
好的 A，各放上一半份量的糰子。

雞肉沙拉&
胡蘿蔔絲吐司

受歡迎的鹹菜組合，時尚又健康。
可以攝取到蔬菜和蛋白質營養也很均衡。

材料（2片份）

香草雞肉沙拉（市售・斜切成1cm厚）
　…1袋（250g）

胡蘿蔔（切細絲）…1/2條

鹽…一撮

A┃ 砂糖、醋…各1大匙
┃ 橄欖油…1小匙
┃ 胡椒…少許

義式巴西里（如果有的話）…適量

作法

1　灑鹽充分搓揉胡蘿蔔，放10分鐘左右直到變軟。充
　　分擰乾水分，加入 A 拌勻。

2　按照順序在吐司上各放一半份量的步驟 1、雞肉沙
　　拉，如果有的話裝飾義式巴西里。

Point　雞肉沙拉是西式口味，用喜歡的口味代替也OK。

巧克力
香蕉布丁吐司

熱騰騰的布丁簡直像卡士達奶油一樣的滑順。
也非常適合當點心。

(材料)（2片份）

吐司（6片裝）…2片
香蕉（切成8mm厚的圓片）…1/2根
檸檬汁…1小匙
布丁（市售）…2個（120g）
巧克力磚（牛奶·切碎）…1/4片

(作法)

1 將檸檬汁塗抹在香蕉上。用湯匙背面按壓吐司的白色部分（從吐司邊留下1cm左右的部分）製作凹陷。

2 用湯匙撈起一個布丁分別放在每片吐司的凹陷處上抹平。依照香蕉、巧克力的順序各放一半的份量。

Point 請選擇沒有使用吉利丁的布丁。如果使用以吉利丁凝固的布丁，烘烤後會融化變成液體。

奶油乳酪&
紅豆餡吐司

紅豆餡的甜味與起司的鹹味合而為一的順口滋味。
將酸酸甜甜的草莓當作點綴。

(材料)（2片份）

吐司（6片裝）…2片
奶油乳酪（切成一半）…100g
紅豆餡…150g
草莓（切成4等分的薄片後擦乾水分）…2顆大的
開心果（切碎、如果有的話）…適量

(作法)

1 用保鮮膜分別包住奶油乳酪，用擀麵棍等工具擀成7cm大的正方形。

2 在吐司上各抹一半份量的紅豆餡，按照順序各放一半份量的步驟1、草莓。如果有的話灑開心果。

依食材分類INDEX

119

作者

松本有美 （YU媽媽）

料理研究家。甜點店老闆。冷凍料理達人。以容易製作的食譜及時尚咖啡廳風格受到歡迎。目前活躍於電視、雜誌及廣告等領域。作為『きょうの料理（今日料理）』（NHK教育頻道）的講師受到許多人的喜愛。著有《日本常備菜教主「日日速配。冷便當」191道》、《YU媽媽的湯品便當》（暫譯）、《YU媽媽的蓬鬆美味低醣麵包》（暫譯）等食譜，累計銷售突破67萬冊。

BLOG
YU媽媽(松本有美)官方部落格
https://ameblo.jp/kys-ttt/

松本有美(YU媽媽)官方部落格
https://lineblog.me/yuumama/

Instagram
@yu_mama_cafe

TITLE

小容器保鮮袋 裝出漂亮擺盤便當

STAFF

出版	瑞昇文化事業股份有限公司
作者	松本有美
譯者	涂雪靖
創辦人 / 董事長	駱東墻
CEO / 行銷	陳冠偉
總編輯	郭湘齡
文字編輯	張聿雯　徐承義
美術編輯	謝彥如
國際版權	駱念德　張聿雯
排版	二次方數位設計 翁慧玲
製版	印研科技有限公司
印刷	龍岡數位文化股份有限公司
法律顧問	立勤國際法律事務所　黃沛聲律師
戶名	瑞昇文化事業股份有限公司
劃撥帳號	19598343
地址	新北市中和區景平路464巷2弄1-4號
電話	(02)2945-3191
傳真	(02)2945-3190
網址	www.rising-books.com.tw
Mail	deepblue@rising-books.com.tw
初版日期	2023年10月
定價	380元

ORIGINAL JAPANESE EDITION STAFF

デザイン	蓮尾真沙子 (tri)
撮影	難波雄史
取材・文	こいずみきなこ
校正	西進社
編集	池田裕美

國家圖書館出版品預行編目資料

小容器保鮮袋 裝出漂亮擺盤便當/松本有美作;
涂雪靖譯. -- 初版. -- 新北市 :
瑞昇文化事業股份有限公司, 2023.10
120面 ; 18.2X25.7公分
ISBN 978-986-401-664-8(平裝)

1.CST: 食譜

427.17　　　　　　　　　　112014084